WUKETITS / HEINTEL • DIE (NATUR-)GESCHICHTE VON GUT UND BÖSE

DIE EDITION KUNST | WISSENSCHAFT | GESELLSCHAFT
QUER DENKEN IM WIESER VERLAG
WIRD HERAUSGEGEBEN VOM
UNIVERSITÄTS.CLUB | WISSENSCHAFTSVEREIN KÄRNTEN
UNTER DER LEITUNG VON
HORST PETER GROß

Universitäts.club|Wissenschaftsverein Kärnten
Alpen-Adria-Universität Klagenfurt
Universitätsstraße 65–67
9020 Klagenfurt
ClubBüro: +43 463 2700-8715
E-Mail: uniclub@aau.at
www.uniclub.aau.at

Franz M. Wuketits

Wie viel Moral verträgt der Mensch?

Eine evolutionstheoretische Perspektive

•

Peter Heintel

Der Mensch *ist* nicht nur, er ist sich selbst aufgegeben

Zur (Natur-)Geschichte der Moral

Edition
Kunst|Wissenschaft|Gesellschaft
Quer denken
im
Wieser Verlag

Die Publikation dieses Bandes wird durch die
Stadt Villach *gefördert.*

Wieser Verlag GmbH

A-9020 Klagenfurt/Celovec, Ebentaler Straße 34b
Telefon +43(0)463 37036, Fax +43(0)463 37635
office@wieser-verlag.com
www.wieser-verlag.com

Lektorat: Josef G. Pichler
ISBN 978-3-99029-042-2

Vorwort

Mit der Auftaktveranstaltung zum Thema »Mensch und Natur – ein anthropologischer Widerspruch?« begann eine Kooperation zwischen dem Universitäts.club|Wissenschaftsverein Kärnten und dem Naturwissenschaftlichen Verein für Kärnten, mit der die Auseinandersetzung des Menschen mit der Natur zugleich aus natur- wie auch aus kultur- bzw. geisteswissenschaftlicher Sicht thematisiert wird. Auf Basis von Impulsreferaten ausgesuchter Expertinnen und Experten werden interessante und brisante Themen und Aspekte dieses »anthropologischen Grundwiderspruchs« aus verschiedenen wissenschaftlichen Blickwinkeln beleuchtet und soll eine fundierte grundsätzliche Diskussion und Reflexion angeregt werden.

Anlässe zur Thematisierung der Frage nach dem Verhältnis von Mensch und Natur gibt es genügend. Die meisten haben zu tun mit unserer globalen »Kultur des technisch-ökonomischen Fortschritts« und damit auch dem sogenannten »ökologischen Fußabdruck«, den die Menschheit auf der Erde hinterlässt. Dazu zählen die Bevölkerungsentwicklung und ihre Auswirkungen auf den Land- und Ressourcenverbrauch sowie die natürliche Mitwelt des Menschen. Dabei geht es auch um die durch den Menschen hervorgerufenen »Natur«-Katastrophen, wie zum Beispiel den (noch immer umstrittenen) Klimawandel, den atomaren Supergau im AKW Fukushima infolge eines Tsunamis oder die – für viele in unserer schlagzeilenreduzierten und kurzfristig orientierten Medienlandschaft fast schon vergessene – Ölkatastrophe im Golf von Mexiko.

Die Auseinandersetzung des Menschen mit der Natur – jener, die ihn umgibt, aber auch jener, die ihn selbst ausmacht – gibt es, seit es den Menschen gibt. Das Denken und Handeln des Menschen ist immer auch von seiner Umwelt geprägt worden, nach der er sich richten und in der er sich einrichten musste. Diese war nicht nur seine natürliche Lebensgrundlage, die ihre »Früchte« allerdings oft nur gegen harte Arbeit und Erfindergeist bereitstellte, sondern stellte auch eine Gefahrenquelle dar, vor der es sich zu schützen galt. In den letzten Jahrtausenden, jedenfalls seit der neolithischen Revolution, begann sich der Einfluss des Homo sapiens merklich auf die natürliche Mitwelt und auch die Landschaftsbildung auszuwirken. Die Geschichte der Natur ist seitdem auch ein Spiegel der gesellschaftlich-kulturellen Entwicklung des Menschen geworden. Der Mensch hatte begonnen, »sich die Erde Untertan zu machen«, wie es später in einem religiös begründeten Auftrag bezeichnet wurde. Noch später, im Zuge der Aufklärung und des darauf folgenden Siegeszugs des naturwissenschaftlich-technischen Weltbildes, wurden immer gravierendere Eingriffe des »zivilisierten« Menschen in die Natur möglich, welche inzwischen besorgniserregende Auswirkungen gezeitigt haben.

In diesem Zusammenhang soll die damit verbundene Ignoranz der menschlichen Zivilisation gegenüber ihren eigenen natürlichen Lebensgrundlagen, die scheinbar nicht einmal durch ökonomische und soziale Krisen globalen Ausmaßes zu stoppen ist, im Hinblick auf die immer offensichtlichere Not-Wendigkeit einer »Kultur der Nachhaltigkeit« hinterfragt werden. Dabei geht es auch um die Frage, wie weit und in welcher Form Wissenschaft und Kunst* – also zwei zentrale »Kulturgestalten« menschlichen Denkens und Handelns – in der Lage sind, zur Zukunfts- und Überlebensfähigkeit menschlicher Gesellschaften, angesichts der globalen Probleme letztlich unserer Welt-Gesellschaft, beizutragen.

* »Kunst|Wissenschaft|Gesellschaft« nennt sich ein weiteres Veranstaltungsformat des Universitäts.club|Wissenschaftsverein Kärnten, dessen ausgewählte Vorträge ebenfalls Eingang in diese Schriftenreihe finden; dabei geht es insbesondere um die Thematisierung der Schnittstelle von Kunst und Wissenschaft und um die Frage nach deren gesellschaftspolitischer Interventionsmacht.

Unter diesen Gesichtspunkten steht auch die Natur des Menschen zur Diskussion, der ja als biologisches Wesen selbst Natur *ist*, aber indem er das weiß, also sich dessen *bewusst* ist, gleichzeitig immer auch mehr ist und sich dadurch vom Tier unterscheidet. Ob bzw. in welcher Form auch seine moralischen Wertvorstellungen in der »Natur« des Menschen angelegt sind oder wieweit bzw. auf welche Weise sich diese mit seiner kulturellen Weiterentwicklung herausgebildet haben, ist eine »alte« grundlegende und immer wieder spannende Frage, der sich im Folgenden Franz M. Wuketits aus evolutionstheoretischer und Peter Heintel aus philosophischer Sicht nähern. Einig sind sich beide Autoren darin, dass Moral nicht vom Himmel gefallen ist. Doch darüber hinaus gibt es – trotz einiger weiterer gemeinsamer Ansichten – sehr grundsätzliche Unterschiede und damit interessante Einblicke und Impulse für die Diskussion dieser Thematik.

In diesem Sinne wünsche ich Ihnen eine spannende Lektüre.

Horst Peter Groß
Universitäts.club|Wissenschaftsverein Kärnten
Klagenfurt, im Juli 2012

Franz M. Wuketits

Wie viel Moral verträgt der Mensch?

Eine evolutionstheoretische Perspektive

»Gern dien' ich den Freunden,
doch tu' ich es leider aus Neigung.
Und so wurmt es mir oft,
daß ich nicht tugendhaft bin.«

(Friedrich Schiller)

»Das asketische Ideal hat nicht nur die Gesundheit und den Geschmack verdorben, es hat noch etwas Drittes, Viertes, Fünftes, Sechstes verdorben – ich werde mich hüten zu sagen, was alles (wann käme ich zu Ende!).«

(Friedrich Nietzsche)

Einleitung

Moral fiel nicht vom Himmel; sie ist ein Resultat der Evolution durch natürliche Auslese oder Selektion. Dem Evolutionstheoretiker stellen sich hinsichtlich aller Phänomene – ganz gleich, ob es sich dabei um anatomische Merkmale, Verhaltensmerkmale oder auch so komplexe Phänomene wie Moral handelt – stets prinzipiell zwei Fragen: Woher kommt es? Worin liegt sein (biologischer) Zweck? Diese Fragen sollen in der Folge in Bezug auf moralisches Verhalten beziehungsweise Handeln einer Antwort nahegebracht werden. Ich beginne dabei mit einigen recht einfachen Beobachtungen.

Erste Beobachtung: Allen bekannten Sozietäten und Kulturen aus der Vergangenheit und Gegenwart sind bestimmte moralische Regeln, Wertvorstellungen und Normen eigen. Moral ist beim Menschen also universell, sie ist eine anthropologische Universalie (vgl. z. B. Antweiler 2007, Bischof 1978).

Zweite Beobachtung: Der Universalität der Moral steht eine große Variation moralischer Inhalte gegenüber, das heißt, die konkreten Vorstellungen darüber, was moralisch richtig oder falsch ist, was man tun oder unterlassen soll, unterscheiden sich von einer Gesellschaft (Kultur) zur anderen zum Teil ganz erheblich (siehe auch Wuketits 1999).

Dritte Beobachtung: Es gibt keine Gesellschaft (Kultur), deren Mitglieder sich *ausnahmslos* den jeweiligen moralischen Regeln fügen. Anders gesagt, überall gibt es den einen oder anderen »Delinquenten«, der zumindest gelegentlich die Regeln verletzt oder auch schwere Verbrechen verübt.

Vierte Beobachtung: Niemand kann von sich behaupten, dass er in jeder Lebenslage, unter allen Umständen und also *ausnahmslos* moralisch richtig handelt. Wer solches behauptet, ist ein Heuchler und hat wohl die sprichwörtliche – wenn nicht gar eine wirkliche – Leiche im Keller. Man mag hier von einer bösartigen Unterstellung sprechen, doch will ich zu bedenken geben, dass unser Handeln von sehr vielen Rahmenbedingungen beeinflusst wird und der Wandel unserer Lebenssituationen uns kein »einförmiges« Handeln erlaubt. Wir sind sozusagen Mischstrategen.

Was aber ist überhaupt *Moral*? Meine Definition ist eine funktionale (siehe auch Wuketits 1999, 2009b, 2010): Moral ist die Summe aller Regeln (Normen, Wertvorstellungen) innerhalb einer gegebenen Gesellschaft, die der Stabilität dieser Gesellschaft dienen. Es handelt sich um Regeln des Zusammenlebens im Dienste der Funktion einer Gesellschaft. Diese Gesellschaft kann eine Familie sein, eine größere Sippe, eine Religionsgemeinschaft, ein Hundezüchterverein, ein Radfahrerclub, ein staatliches oder überstaatliches (politisches) Gebilde oder auch eine Verbrecherorganisation. (Auch unter Bandenmitgliedern gibt es schließlich bestimmte Regeln, Hierarchien, einen Ehrenkodex und Ähnliches mehr.) Die dabei jeweils gültigen Regeln entsprechen in der Hauptsache einer *Binnenmoral*: Sie gelten für das gegenseitige Verhalten der Individuen innerhalb einer gegebenen Sozietät, verlieren aber nach außen hin – das heißt gruppenfremden Individuen gegenüber – an Wirkung.

Natur und Moral

Wie gesagt, Moral ist – wie jede andere menschliche Eigenschaft – ein Ergebnis der Evolution. Moralsysteme sind hinsichtlich ihrer Wurzeln also evolutionäre, evolutionär gewachsene Systeme (Wuketits 1993, 2009b). Aber ich beeile mich zu betonen, dass das nicht bedeuten kann, Moral sei in der Natur vorgegeben. Die Natur ist moralisch völlig neutral, sie kennt weder gute noch böse Absichten; Gut und Böse sind unsere Erfindungen (die wir allerdings oft, in anthropomorphisierender Weise, in die Natur projizieren). Inwieweit ist also eine Verbindung von Natur und Moral überhaupt legitim? Wie ist eine *evolutionäre Ethik* letztlich zu rechtfertigen? Die Antwort kann folgendermaßen lauten: »Eine wirkungsvolle Moral [wird sich] insoweit an der ›Natur‹ *des Menschen* orientieren müssen, als sie nur fordern sollte, was der Mensch – unter allen erforderlichen Anstrengungen, versteht sich – auch zu leisten im Stande ist. Eine Ethik, die nicht auf unser ›Können‹ Rücksicht nimmt, wird immer eine ›Postulaten-Ethik‹ bleiben und nie in ›faktische Moral‹ umsetzbar sein« (Vogel 1989, S. 128; meine Hervorhebung). Der Grundfrage der Ethik im Sinne von Kant, »Was soll ich tun?«, ist daher die Frage voranzustellen: »Was *kann* ich tun?«, welche moralischen Leistungen sind mir aufgrund der Ausstattung meiner Spezies unter gegebenen Rahmenbedingungen überhaupt möglich?

Es ist klar, dass sich diese Frage nicht mit ein paar Sätzen beantworten lässt. Aber grundsätzlich müssen moralische Forderungen realistisch sein, auf die menschliche Natur –

dieses komplexe Strickwerk aus Neigungen, Emotionen, Motivationen und so weiter – Rücksicht nehmen. Moralsystemen, die an der Natur des Menschen vorbeigehen und auf Idealbildern des Menschen gegründet sind, kann mittel- bis langfristig kein Erfolg beschieden sein. Mein beliebtes Beispiel in dem Zusammenhang ist folgendes: Menschen schlafen durchschnittlich acht Stunden pro Tag, verschlafen mithin ein Drittel ihres Lebens. Nun könnte man postulieren, dass der Mensch aus moralischen Gründen nur zwei Stunden pro Tag schlafen sollte, um mehr Zeit für tugendhafte Beschäftigung (Dienst an Gott, an den lieben Mitmenschen und so weiter) verfügbar zu haben. Doch selbst wenn dieses Postulat moralisch noch so gut begründet werden könnte – es wäre einfach nicht *lebbar*. Nicht lebbar jedenfalls für die allermeisten von uns. (Angeblich kam Adolf Hitler mit nur zwei Stunden Schlaf pro Tag aus. Hätte er bloß sein ganzes Leben verschlafen! Einem großen Teil der Menschheit wäre dann vieles erspart geblieben.) Man wird einwenden, dass dieses Beispiel konstruiert sei. Gut, dann nehme man die fundamentalistische Sexualmoral des Islams und des Christentums. Die menschliche Sexualität regulieren zu wollen, ja, dem Menschen – dem neben dem Bonobo oder Zwergschimpansen sexuellsten aller Säugetiere – Enthaltsamkeit zu gebieten, ist schon einigermaßen töricht und zeugt von einer nahezu beispiellosen Ignoranz. Das allein wäre aber vielleicht noch nicht so schlimm, wenn diejenigen, die solche Regulative durchsetzen wollen, damit ein vermeintlich von Gott gegebenes Moralprinzip nicht als Druck- und Machtmittel missbrauchen würden!

Damit sind auch schon Grenzen der Moral angedeutet, worauf aber noch zurückzukommen sein wird.

Gut und Böse, das moralisch Richtige und Falsche, sind nicht in der Natur vorgegeben, aber was wir als Moral oder Unmoral bezeichnen, ist letzten Endes nichts weiter als der verlängerte und verfeinerte Arm uralter Mechanismen im

Dienste des Gruppenzusammenhalts; Verhaltensmechanismen, die schon in grauer Vorzeit wirksam waren, als noch niemand über Gut und Böse nachdachte, und die auch bei anderen in Gruppen lebenden Tieren ihre Bedeutung haben (Wuketits 1999, 2010). Die menschliche Moral in ihren Wurzeln reicht also weit in die Evolution zurück, und auch bei anderen Arten – insbesondere Schimpansen – lassen sich daher zumindest Anzeichen davon erkennen (vgl. Waal 2000). Sicher ist der Mensch das einzige Lebewesen, das über Moral und Unmoral kritisch nachdenkt und sein Handeln rational zu hinterfragen imstande ist. Aber auch bei anderen sozialen Arten existieren »Gruppennormen«, ohne dass eines der beteiligten Lebewesen sie kritisch zu hinterfragen imstande wäre. Ich komme darauf noch zu sprechen.

Warum aber ist Moral im engeren Sinn, also beim Menschen, überhaupt entstanden? Sie hatte wahrscheinlich von Anfang an einen biologischen Zweck. Man darf annehmen, dass die Kombination bestimmter manueller Fertigkeiten (Werkzeugherstellung) mit kooperativem Verhalten (siehe unten) einschließlich der Arbeits- und Nahrungsteilung die Gründung von Familien mit relativ hoher Zahl an Nachkommen begünstigte oder überhaupt erst ermöglichte (Cela-Conde und Ayala 2004).

Exkurs: Von Satelliten und Trittbrettfahrern

Frosch- und Krötenmännchen schließen sich in der wärmeren Jahreszeit zu »Gesangsvereinen« zusammen, um Weibchen anzulocken. Die Gesänge verzehren natürlich viel an Energie und bringen das Risiko mit sich, dass nicht nur die erhofften Weibchen, sondern auch Raubtiere angelockt werden, sodass manches Frosch- oder Krötenmännchen erst gar nicht zu »seinem« Weibchen kommt, weil es im Magen etwa eines Greifvogels landet. Manche Individuen sparen daher Energie und weichen dem Risiko aus, indem sie einfach nicht mitsingen, sondern als stumme *Satelliten* in der Nähe der Rufer hocken und sich nähernde Weibchen trotzdem abzufangen versuchen (vgl. Voland 2000, Wuketits 1997). Eigentlich recht praktisch, wenn man jeden Aufwand meidet und dennoch ans Ziel kommt. Würden aber alle Frosch- und Krötenmännchen die Taktik der Satelliten übernehmen, dann würde, was keiner besonders tiefschürfenden Überlegungen bedarf, die jeweilige Amphibienpopulation schnell aussterben. Die natürliche Auslese »sorgt« dafür, dass sich die Satelliten-Taktik nicht zu stark ausbreitet. Da steht selbstverständlich keine Absicht dahinter. In der Evolution geht es – falls man sagen kann, dass es überhaupt um irgendetwas »geht« – bloß um erfolgreiche Fortpflanzung. Auch den stummen Frosch- und Krötenmännchen ist zwar ein Fortpflanzungserfolg beschieden, doch nur, wenn genügend andere in ihrer Nähe kräftig singen.

»Satelliten« im übertragenen Sinn kennt man natürlich praktisch in allen Gruppen von Lebewesen; Individuen, die sich's einfach machen und auf Kosten anderer bekommen, was sie wollen. Auch in jeder menschlichen Sozietät gibt es *Trittbrettfahrer*, die ohne nennenswerte Anstrengung ihre Ziele erreichen. Sie hängen sich einfach irgendwo an, werden mitversorgt, ohne irgendwelche Eigenleistungen zu erbringen. Aber selbstverständlich wäre eine aus lauter Trittbrettfahrern bestehende Gesellschaft ein Widerspruch in sich. »Für eine Krähe zum Beispiel ist es von Vorteil, Nestmaterial von Kolonienachbarn zu stehlen, aber nur, solange genügend viele andere es vom fernen Waldrand holen« (Mohr 1999, S. 67). In tierischen und menschlichen Sozietäten haben sich daher Strategien entwickelt, die einer Ausbreitung von Satelliten und Trittbrettfahrern entgegenwirken. Solche Strategien bestehen nicht zuletzt in erhöhter Aufmerksamkeit aufseiten jener Individuen, die durch »ehrliche Anstrengung« ans Ziel kommen und sich nicht »betrügen« lassen wollen. Mit Moral hat all das – zumal, wenn von Fröschen, Kröten und Krähen die Rede ist – nicht das Geringste zu tun. Ich erwähne diese Beispiele aber deshalb, weil sie eine *Selbstregulation* sozialer Systeme im weitesten Sinn zum Ausdruck bringen: Nur wenn der »innere Regelmechanismus« einigermaßen funktioniert, werden die jeweilige Gruppe und mit ihr ihre Angehörigen fortexistieren können. Dieser Regelmechanismus wird daher von der natürlichen Auslese begünstigt.

Geselligkeit als Triebfeder der Moral

Gruppenbildung, Geselligkeit oder Sozialität ist ein in der Tierwelt weitverbreitetes und seit der Antike bekanntes Phänomen. Bienenvölker, Kolonien von Pinguinen, Antilopenherden, Wolfsrudel und Elefantenherden sind nur einige von vielen Beispielen für Tierarten, bei denen sich – zum Teil sehr viele – Individuen zu einem überindividuellen Verband, einer Sozietät in allgemeiner Wortbedeutung zusammenschließen. Die Disziplin der *Soziobiologie* ist das Studium des sozialen Verhaltens der Tiere, einschließlich des Menschen, auf evolutionsbiologischer und genetischer Grundlage. Das inzwischen zum »Klassiker« avancierte Werk dazu ist die *Sociobiology* aus der Feder des amerikanischen Zoologen Edward O. Wilson (Wilson 1975). Es kann hier nicht bezweckt werden, Details dazu auszubreiten. Nur so viel sei gesagt: Geselligkeit zahlt sich aus, sie bringt den jeweiligen Lebewesen entscheidende Vorteile. Sie tritt nicht überall in der Tierwelt auf, Tiger, Jaguare, Braunbären, Eisbären und viele andere Spezies sind Einzelgänger. Das hat nicht zuletzt ökologische Gründe. Bei vielen anderen Arten aber hat sich die Gruppenbildung – nicht nur, aber auch aus ökologischen Gründen – als *evolutionsstabile Strategie* bewährt. Vorteile der Vergesellschaftung sind zum Beispiel der Schutz des Individuums in der Gruppe und kollektives Jagen. So kann ein einzelner Wolf kaum einen Elch erlegen, im Kollektiv aber schaffen es mehrere Wölfe, diesen großen Hirsch zu töten, womit sie sich eine beträchtliche Nahrungsquelle sichern, die dann auch im Rudel nach recht strengen Prinzipien verteilt wird. Auch das hat mit Moral nichts zu tun, zeigt aber, dass das Gruppenleben den jeweils beteiligten Individuen bestimmte Verhaltensweisen abverlangt.

Das Leben in Gruppen setzt die Entwicklung bestimmter Verhaltensweisen voraus. Zwar sind alle Lebewesen Egoisten, das heißt in erster Linie bestrebt, sich erfolgreich fortzupflanzen, ihre Gene in die nächste Generation weiterzugeben; in der Gruppe jedoch sind *Kooperation* und *Altruismus* angesagt. Lange Zeit war es eine große Frage: Wie konnte sich in einer Welt von Egoisten kooperatives und helfendes Verhalten überhaupt ausbreiten? Die Antwort darauf ist verblüffend einfach: Weil sich solches Verhalten für den Egoisten auszahlt. Dabei spielt der *reziproke Altruismus* eine entscheidende Rolle (vgl. Dugatkin 1997, Trivers 1971, Voland 2000, Wilson 1975, Wuketits 1997). Der Volksmund bringt dieses Prinzip mit verschiedenen treffenden Wendungen auf den Punkt, etwa »Wie du mir, so ich dir« oder »Eine Hand wäscht die andere«. Es geht dabei, wohlgemerkt, nicht um Selbstlosigkeit oder gar Selbstaufopferung, sondern vielmehr darum, dem anderen in der Not beizustehen, weil man in einer eigenen Notsituation auch umgekehrt Beistand und Hilfe erwartet. In der Tierwelt ist dieses Prinzip weit verbreitet; es funktioniert, auch ohne dass jemand darüber nachdenkt. Der russische Forschungsreisende, Schriftsteller und Anarchist Peter Kropotkin stellte in seinem bemerkenswerten Buch *Gegenseitige Hilfe in der Tier- und Menschenwelt* (1910) die interessante These auf, dass gegenseitige Hilfe als »Naturgesetz und Entwicklungsfaktor« anzusehen sei. Es ist ihm beizupflichten. Eine Gesellschaft – ob beim Menschen oder bei anderen Lebewesen – kann sich mittel- bis langfristig nur halten, wenn ihre Mitglieder zumindest bis zu einem gewissen Grad miteinander kooperieren, einander helfen.

Daher ist es gewiss kein Zufall, dass Hilfsbereitschaft auch als moralisch richtig eingestuft wird und kulturell verankert ist. Man denke dabei an Nachbarschaftshilfe, an Hilfe in Krisensituationen, bei Unfällen und so weiter. Aber vor romantischen Vorstellungen sei gewarnt! Der Helfer genießt in seiner Gruppe in der Regel ein relativ hohes Ansehen und kann sich mit hoher Wahrscheinlichkeit darauf verlassen, dass ihm bei Bedarf andere helfen werden. Er agiert also nicht einfach aus Selbstlosigkeit, sondern mit der Aussicht auf Belohnung. Hilfe muss sich natürlich nicht sozusagen eins zu eins auszahlen, aber die Gesamtbilanz muss stimmen. Reziprozität, Gegenseitigkeit kennt viele Gesichter. Es gibt viele Möglichkeiten, sich für eine empfangene Wohltat zu revanchieren. Und der Anreiz, anderen zu helfen, besteht nicht zuletzt darin, irgendwann eine Belohnung dafür einstreifen zu können. An anderer Stelle schrieb ich Folgendes dazu: »Wir sind umso eher bereit, anderen zu helfen, je mehr wir umgekehrt Hilfe erwarten dürfen, je höher der Lohn für unsere Hilfe ist. Dieser Lohn muss uns nicht direkt und keineswegs in barer Münze ausbezahlt werden. Er besteht unter anderem darin, dass unsere Position in einem sozialen Gefüge, also unser gesellschaftliches Ansehen größer wird, wenn wir uns hilfsbereit zeigen. Und wenn wir anderen – obgleich das oft fürwahr nicht leicht ist – mit Freundlichkeit begegnen« (Wuketits 2010, S. 38).

Gibt es reinen Altruismus, also Aufopferung für andere ohne jedwede Aussicht auf irgendeine Belohnung? Die Antwort muss lauten: nein. Wie aber ist dann zum Beispiel das Verhalten einer Wildsau zu beurteilen, die für ihre Jungen im Extremfall ihr Leben opfert (was wir als rührend empfinden)? Wie bereits Oskar Heinroth, einer der Pioniere der modernen Verhaltensforschung, treffend bemerkte: »Viele rührselige Tiergeschichten sehen auf einmal ganz anders aus, wenn man die Veranlagung der darin vorkommenden Tierarten wirklich kennt« (Heinroth 1941, S. 5). Die Tiermutter, die also unter

Einsatz ihres Lebens für ihre Nachkommenschaft kämpft, macht also nichts weiter, als den Fortbestand ihrer Gene zu sichern (selbst wenn sie dabei ihr eigenes Leben verliert). Kommt reiner Altruismus beim Menschen vor? Abermals nein. Denn irgendein Plus wollen wir mit unseren guten Taten irgendwann, und sei es auf sehr indirekte Weise, schon verzeichnen. Wer glaubt, dass es Menschen gab oder gibt, die ihr Leben nur den anderen widmen, ohne irgendetwas davon zu haben, der wird, jedenfalls aus evolutionstheoretischer und soziobiologischer Sicht, eines Besseren belehrt. Der Anthropologe und Primatenforscher Volker Sommer findet dafür deutliche Worte: »Der heilige Martin reicht nicht hin – dem Bettler einen halben Mantel abzuschneiden, ist eher schäbig. Gandhi gilt gleichfalls nicht: Bevor der zum Asketen wurde, frönte er dem Artgeschäft auf Vorrat und zeugte mehrfach. Mutter Teresa wäre eine gediegene Anwärterin, wenn in Albanien verbliebene Blutsverwandte dank ihrer Popularität nicht irgendwelche Pfründe ergatterten ... Damit die im Neuen Testament dokumentierte Tat des barmherzigen Samariters als wahrer Altruismus durchgehen könnte, dürfte der Barmherzige nicht nur nicht mit seiner Heilstat geprahlt haben (was ihm eine Beförderung in der antiken Heilsarmee hätte eintragen können). Wir dürften zudem am besten gar nichts vom Samariter wissen – weil allein anonymes Wohltun jedwedem Egoismus die Hintertür vor der Nase zuschlägt« (Sommer 2000, S. 31 f.).

Übrigens war Mutter Teresa Trägerin des Friedensnobelpreises und anderer internationaler Auszeichnungen. Es steht außer Frage, dass sie die auch verdient hat. Wohltaten in dem von ihr praktizierten Ausmaß konnten gar nicht unbemerkt bleiben. Aber warum sollten auch Wohltäter von der Hilfe, die sie anderen angedeihen lassen, nichts haben?! Und jemand, der Hilfe empfängt, braucht sich doch nicht daran zu stoßen, dass sein Helfer auch davon profitiert ...

Das Kleingruppenwesen Mensch

Der Mensch ist von Natur aus ein soziales Lebewesen und als solches auf Kooperation und gegenseitige Hilfe angewiesen. Thomas Hobbes meinte bekanntlich, dass sich im Naturzustand jeder gegen jeden im Krieg befunden habe (*bellum omnium contra omnes*). Das kann freilich nicht der Fall gewesen sein. Hätten unsere steinzeitlichen Ahnen nichts anderes im Sinn gehabt als sich gegenseitig tot zu prügeln, dann wären sie erst gar nicht unsere Ahnen geworden – und wir wären als Gattung längst nicht mehr da. Ohne das Leben prähistorischer Menschen romantisch zu verklären (was sicher nicht angebracht wäre!), müssen wir annehmen, dass sie ein Mindestmaß an Kooperation und gegenseitigem Altruismus praktizierten (siehe auch Wuketits 2010, 2011). Allerdings – und das ist ein entscheidender Punkt – nur innerhalb ihrer kleinen Gruppe.

Es kann heute als gesichert gelten, dass der Mensch die längste Zeit seiner Evolution, für die etwa fünf Jahrmillionen zu veranschlagen sind, als Jäger und Sammler in kleinen Gruppen von dreißig, vierzig oder fünfzig Individuen lebte. In diesen kleinen Gruppen wurden die Grundmuster seines sozialen (einschließlich moralischen) Verhaltens gestrickt. Der Mensch ist von Natur aus ein *Kleingruppenwesen* – und ist es bis heute geblieben. Seine soziale Welt umfasst heute zwar eine etwas größere Zahl von Individuen als die sozialen Welten seiner stammesgeschichtlichen Ahnen oder der anderen (rezenten) Primaten, geht aber über hundertfünfzig bis zweihundert Individuen nicht hinaus (vgl. Dunbar 2010, Junker 2006). Das gilt auch für diejenigen von uns, die in Großstädten leben. Die Zahl flüchtiger Begegnungen, die Zahl der Menschen, mit denen wir aus beruflichen Gründen per E-Mail korrespondieren und so weiter, kann natürlich um Größenordnungen darüber liegen, aber wir können zu den allermeisten dieser Menschen keine wirklichen sozialen Kontakte aufbauen und pflegen. Schon von den hundertfünfzig bis zweihundert Individuen nimmt nicht jedes einen größeren Platz in unserem Kopf ein, mit manchen verbindet uns mehr als mit anderen. Und wie viele Menschen kann jeder von uns mit Fug und Recht als seine *Freunde* bezeichnen? Wohl etwa ein Dutzend, oder noch weniger. Die Sympathiegruppe (siehe unten) einer Person umfasst im Allgemeinen durchschnittlich knapp elf Individuen (vgl. Vogel 2000). Es lässt sich festhalten: Die Intensität sozialer Beziehungen nimmt mit der zunehmenden Zahl der interagierenden Individuen ab. Auch aus soziologischer Sicht ist dieses Phänomen empirisch nachvollziehbar. »Wächst die Mitgliederzahl irgendwelcher Gruppierungen über eine bestimmte Größenordnung hinaus, so sind die Beteiligten nicht mehr in der Lage, den vertrauten, intimen Charakter der Interaktionen aufrechtzuerhalten« (Meyer 1987, S. 139). Aber all das läuft schließlich konform mit unseren einfachen Alltagserfahrungen, die uns auch auf Schritt und Tritt auf die Grenzen unserer *Sympathiefähigkeit* hinweisen.

Die Sozietäten, in denen der Mensch während der längsten Zeit seiner Evolution lebte, waren *Primär-* oder *Sympathiegruppen*, charakterisiert durch eine persönliche Bekanntschaft ihrer Mitglieder, von denen die meisten miteinander verwandt oder verschwägert waren. In diesen Sozietäten entstand auch der *Nepotismus*, besser bekannt als »Vetternwirtschaft« oder (in Österreich) »Freunderlwirtschaft«. Dieses Phänomen beschäftigt heute Korruptionsausschüsse, denen nur bedingt Erfolg beschieden sein kann, weil der Mensch eben von Natur aus dazu neigt, bestimmte andere Menschen (Verwandte und Freunde) zu bevorzugen und andere sozusagen draußen zu lassen. Wie schon Darwin (1871 [1966, S. 138]) bemerkte, würde sich eine Mutter »vom mütterlichen Instinkt getrieben, ihrem Kinde zuliebe ohne Zögern in die größte Gefahr begeben, nicht aber eines bloßen Mitgeschöpfs wegen«. In der Tat: »Die enge Bindung und Begünstigung naher Verwandter wird konterkariert und zugleich bestärkt durch ein Abgrenzen von Außenstehenden, denen gegenüber man sich oft moralisch weniger oder gar nicht verpflichtet fühlt« (Vogel 1989, S. 52). Das bedeutet: Solidarität nach innen, aber Misstrauen – wenn nicht gar Feindseligkeit – mach außen. Hier tritt uns auch schon die Doppelbödigkeit der Moral entgegen. Sie zeigt sich bereits im Tötungsverbot im Dekalog. »Du sollst nicht töten« bedeutet nur, dass Angehörige des eigenen Volkes nicht getötet werden dürfen.

Auch wenn heute eine zunehmende Zahl von Menschen in Millionenstädten und Ballungsräumen mit vielen Millionen Einwohnern lebt, ist *Homo sapiens* im Herzen ein Kleingruppenwesen geblieben. Die anonymen Massengesellschaften stellen dieses Kleingruppenwesen vor Probleme grundsätzlicher Art. Im jüngsten Abschnitt seiner (Stammes-)Geschichte ist die den Menschen hauptsächlich prägende feindliche Macht die Präsenz anderer Menschen (Alexander 1987), die immer mehr werden. Mit jetzt sieben Milliarden Individuen seiner Art stellt *Homo sapiens* unter den Säugetieren von vergleichbarer Größe einen Rekord auf. Die daraus resultierenden grundsätzlichen Probleme resultieren aus dem Umstand, dass die unmittelbare soziale Kontrolle, wie sie in Kleingruppen recht gut funktioniert, nicht mehr hinreicht, sodass abstrakte, für den Einzelnen immer weniger nachvollziehbare Normen durchgesetzt werden, und zwar von politischen Führern, die sich ihrerseits der unmittelbaren Kontrolle durch ihre »Bürger« entziehen (und allenfalls, in demokratischen Gesellschaften, in Abständen von einigen Jahren abgewählt werden können). Die in anonymen Großgesellschaften von politischen (und religiösen) Führern dekretierten Normen programmieren den Konflikt zwischen den Erfordernissen jener Gesellschaften und der Natur des Menschen als Kleingruppenwesen (Campbell 1975).

Sicher ist der Mensch eine sehr anpassungsfähige Spezies, was allein schon durch seine weltweite Verbreitung und die Besiedlung selbst unwirtlicher Lebensräume dokumentiert wird. Aber auch Anpassungsfähigkeit stößt auf Grenzen. »Statt von einer extremen Plastizität des Menschen auszugehen, [muss] man mit (engen?) Grenzen der Formbarkeit und auch der Belastbarkeit durch moralische Vorschriften (kulturelle Normen) rechnen. Diese Grenzen der Kulturfähigkeit [sind] darauf zurückzuführen, daß unsere unbewußte ›erste Natur‹ im wesentlichen eine genetische Anpassung an die Lebensverhältnisse des Pleistozäns (Sammler und Jäger) und des postglazialen Neolithikums (Anfänge von Ackerbau und Viehzucht) darstellt« (Mohr 1987, S. 77). Unser steinzeitliches Erbe können wir nicht einfach abstreifen, es bricht nach wie vor in unserem Handeln, Denken, Fühlen und Wollen durch (siehe z. B. auch Kilian 2009). Wie bereits gesagt wurde, sind Moralsysteme, die an der Natur des Menschen vorbeigehen, zum Scheitern verurteilt. Umgekehrt darf es uns nicht wundern, dass moralische Prinzipien auf umso größere Akzeptanz stoßen, je besser sie mit unseren (biologisch bestimmten) Verhaltensneigungen übereinstimmen (Ayala 1987).

Wer allerdings an Idealbildern vom Menschen – und Idealvorstellungen von Moral – festhält, wird wohl der Meinung huldigen, dass Moralsysteme unsere Verhaltensneigungen korrigieren und gleichsam gegen unsere Natur gerichtet sein sollen. So sah Thomas H. Huxley, der große Fürsprecher Darwins (»Darwins Bulldogge«), moralisches (unmoralisches) Verhalten zwar in der Evolution verwurzelt, meinte aber, dass unsere moralischen Ziele der Evolution widersprechen müssten, und betrachtete die Aufgabe des *Homo sapiens* als einen ständigen Kampf gegen seine Natur (vgl. Williams 1988). Eine solche Haltung – und sie ist heute nach wie vor weit verbreitet – impliziert, dass der Mensch von Natur aus schlecht sei.

(Warum sonst sollte seine Natur korrigiert werden?!) Aber wir Menschen sind von Natur aus weder gut noch böse! Wir sind, wie alle anderen Lebewesen, Egoisten, die in erster Linie das Problem des Überlebens (= erfolgreiche Fortpflanzung) zu lösen haben (auch wenn wir unter verschiedenen Umständen auf Fortpflanzung verzichten), im Dienste des Überlebens Ressourcen (Raum und Nahrung) benötigen und um diese im Wettbewerb miteinander stehen; als gesellige Spezies wiederum sind wir auf ein Miteinander mit unseren Artgenossen angewiesen (Wuketits 2010, 2011). Wie gut uns Letzteres gelingt, hängt natürlich von verschiedenen Rahmenbedingungen ab, die wir uns selbst schaffen und die in der Evolution nicht vorgegeben waren.

Zu unseren ererbten (stammesgeschichtlichen) Dispositionen zählen sowohl das »Totschlägerprinzip« als auch die Neigung zur Kooperation und gegenseitigen Hilfe. Unsere (biologische) Evolution blieb hinsichtlich deren Auswirkungen völlig neutral. Unter bestimmten (sozialen, ökonomischen, ideologischen) Rahmenbedingungen sind Menschen zu Gewalttaten vom Mord bis zum Massenmord bereit (vgl. Oehler 2010, Verbeek 2004), unter anderen – günstigeren – Voraussetzungen vollbringen sie auch erstaunliche kooperative Leistungen. »Moralische Gefühle« beruhen im Wesentlichen auf Empathie (Mitgefühl), Gewissen und Schuldbewusstsein (vgl. Voland und Voland 1993). Analog zum Sprachvermögen, das jedem Menschen in die Wiege gelegt ist, aber erst ab einem bestimmten Stadium seiner individuellen Entwicklung unter dem Einfluss seiner sozialen Umwelt zur Entfaltung gelangt, setzt auch die Entwicklung jener Gefühle ab einem bestimmten Entwicklungsstadium an und kann durch entsprechende Erziehung und Vorbildwirkung gefördert oder auch unterdrückt werden (Ridley 1997). »Die Entwicklung der Moral bei jedem individuellen Menschen liegt im Wechselspiel der Natur- und Kulturgeschichte seiner Spezies, wobei die Naturgeschichte insofern tonangebend ist, als sie nur so viel Moral erlaubt wie im – zugegeben sehr breiten – natürlichen Leistungsspektrum des *Homo sapiens* möglich ist« (Wuketits 2011, S. 338). Die evolutionäre Perspektive widerspricht jedem idealisierten Menschenbild und legt den Schluss nahe, dass unsere Moralfähigkeit begrenzt sei. Doch erlaubt sie auch einen gedämpften Optimismus: Seine in der Stammesgeschichte tief verwurzelte Neigung zu kooperativem Verhalten und zur gegenseitigen Hilfe ist eine Disposition zum »Guten«, die unter bestimmten sozialen beziehungsweise kulturellen Rahmenbedingungen zur Entfaltung gelangen kann.

Interessant sind dazu Darwins Überlegungen. Der Engländer wird meist mit einer »düsteren Naturtheorie« in Verbindung gebracht, weniger bekannt sind aber seine humanistische Gesinnung und seine Sozialutopie (vgl. Wuketits 2009a). In seinem Buch *The Descent of Man* (*Die Abstammung des Menschen*) ist der gesellschaftlichen und moralischen Entwicklung des Menschen breiter Raum gewidmet. Darwin meinte, dass der Mensch seine »sozialen Instinkte« und »Sympathien« auf immer mehr seiner Artgenossen auszudehnen imstande sein werde. Sein Ideal war eine Menschheit, in der die Schranken zwischen den Völkern und Nationen aufgehoben sind und der einzelne Mensch gelernt hat, *alle* seine Artgenossen als Mitmenschen zu empfinden; eine Menschheit, in der jeder Mensch das Wohlwollen aller anderen genießt und von der schließlich auch nicht-menschliche Geschöpfe mit Respekt bedacht werden. (Was an Albert Schweitzers Ethik der Ehrfurcht vor dem Leben erinnert.) Damit erweist sich Darwin als Vorkämpfer des Solidaritätsgedankens und als Vorläufer der modernen Tierrechtsbewegung. Aber Darwin – in seinem Denken vom *Fortschrittsglauben* seines Jahrhunderts beseelt – konnte die Gräuel des 20. Jahrhunderts mit seinen beiden Weltkriegen ebenso wenig voraussehen wie die Tatsache, dass sich im frühen 21. Jahrhundert bereits sieben Milliarden Menschen auf diesem Planeten tummeln werden. Was er auch nicht ahnen konnte, ist die Entwicklung einer »Ellbogengesellschaft« unter dem Diktat einer Ökonomie, die mit der wirtschaftlichen Brutalität des beginnenden Industriezeitalters nicht nur vergleichbar ist, sondern diese in gewisser Hinsicht noch übertrifft (weil ihr weit subtilere Mittel zur Verfügung stehen).

Darwin war also, alles in allem, ein Sozialromantiker. Seine Visionen einer weltumspannenden Solidargemeinschaft wurden weder bisher in die Tat umgesetzt, noch werden sie in näherer Zukunft verwirklicht werden können. Aber vielleicht wäre schon mit weniger viel erreicht.

Egoismus und moralischer Individualismus

Aus dem Gesagten geht hervor, dass der Mensch seine egoistische Natur nicht abstreifen kann. Warum sollte er das auch tun?! Weitblickende Ethiker haben längst erkannt, dass »Eigenliebe« die Voraussetzung für »Nächstenliebe« ist und Egoismus als Triebfeder moralischen Handelns begriffen werden kann. Statt auf *Selbstverleugnung* ist auf *Selbstbevorzugung* zu setzen (Wolf 2007). Denn der »wahre Egoist«, weiß, dass er andere Menschen braucht und dass er sich ihrer Hilfe nur versichern kann, wenn er selbst sich kooperativ und hilfsbereit zeigt. Pointiert gesagt: »Nette Kerle kommen zuerst ans Ziel« (Dawkins 1994). Vergessen wir nicht, dass der Mensch, wie betont wurde, von Natur aus ein soziales Lebewesen ist. Niemand von uns will also das sprichwörtliche fünfte Rad am Wagen sein. Anderen Menschen zu begegnen, mit ihnen zu reden, zu essen und zu trinken bringt uns ein persönliches Plus, so wie es uns im Allgemeinen persönliche Befriedigung bereitet, anderen Menschen zu helfen (und uns dadurch umgekehrt ihres Wohlwollens zu versichern). Ein Werbeslogan wie »Geiz ist geil« ist daher der Auswurf einer Gesellschaft, die sich ihrer eigenen Fundamente nicht mehr bewusst und dabei ist, das tief in unsere Geschichte zurückreichende soziale Band zu zerschneiden.

Der Mensch kommt mit einem »kindlichen Egozentrismus« (Piaget 1973) zur Welt, der ihm im Interesse seiner eigenen Fortexistenz hilft, seine Bedürfnisse zu artikulieren. Allmählich lernt er, sich als Teil einer Gemeinschaft zu begreifen und zu erkennen, dass andere Menschen in seiner Umgebung auch ihre Bedürfnisse haben. Schließlich versucht er, als »sozial reifer« Mensch, einerseits seine eigenen Interessen durchzusetzen, andererseits – und sei es nur in Erwartung eigener Vorteile – den Interessen anderer gerecht zu werden.

Gefragt ist also nicht der sich aufopfernde »Altruist«, sondern der *moralische Individualist*, der sich selbst und seine eigenen Anliegen zwar wichtig nimmt, zugleich aber anerkennt, dass andere *ihre* eigenen Anliegen haben. Gefragt ist nicht der moralische Absolutist, der sich im Vollbesitz der einzig richtigen Moralvorstellungen wähnt. »Denn überall dort, wo die Überzeugung herrscht, zu wissen, was das Gute und das Böse sei, trägt der Wille zum Guten immer schon den Keim des Bösen in sich« (Kampits 2011, S. 206). Gefragt ist schließlich nicht eine unerschütterliche Prinzipienmoral, sondern eine *individuelle Verhandlungsmoral*, die eben nicht auf absolute Werte rekurriert (die es, realistisch gesehen, nicht gibt und nicht geben kann), sondern die Individualität der jeweils involvierten Menschen ins Kalkül zieht. Mit den Worten von Kanitscheider (2000, S. 15): »Wenn Ethik nicht universell ist, nicht objektiv und schon gar nicht objektiv begründbar ist, dann verliert der Dissens auch wesentlich an Aggressionspotential. Bei moralischer Entrüstung ist man dann auch nicht mehr gehalten, zur Flinte zu greifen, sondern einen Kognak zu nehmen.« Ich füge dem nur hinzu: Für alle an einem moralischen Konflikt Beteiligten wäre das in der Tat die relativ beste Lösung, vor allem, wenn sie den Kognak gemeinsam trinken würden. Und sollten sie Alkohol meiden, können sie sich ja auch mit pasteurisierter Milch zuprosten – Hauptsache ist, sie werfen die Flinte buchstäblich ins Korn.

Es gibt keine absoluten, »ewigen« Werte und Normen, Moral ist stets aufs Neue zu verhandeln. Diese Schlussfolgerung ist sicher enttäuschend für jene Leute, die gern feste moralische Haltegriffe hätten (und glauben, dass es die gibt), aber für alle anderen eine ständige Herausforderung, ihre eigenen und die Werte und Normen anderer kritisch zu hinterfragen.

Literatur

Alexander, R. D. (1987): The Biology of Moral Systems. Aldine de Gruyter, New York.

Antweiler, Ch. (2007): Was ist den Menschen gemeinsam. Über Kultur und Kulturen. Wissenschaftliche Buchgesellschaft, Darmstadt.

Ayala, F. J. (1987): The Biological Roots of Morality. Biology & Philosophy 2: 235–252.

Bischof, N. (1978): On the Phylogeny of Human Morality. In: Stent, G. S. (Hg.): Morality as a Biological Phenomenon. Springer, Berlin/Heidelberg/New York, S. 53–74.

Campbell, D. T. (1975): On the Conflicts Between Biological and Social Evolution and Between Psychology and Moral Tradition. American Psychologist 30: 1103–1126.

Cela-Conde, C. J. und Ayala, F. J. (2004): Evolution of Morality. In: Wuketits, F. M. und Antweiler, Ch. (Hg.): Handbook of Evolution. Band 1: The Evolution of Human Societies and Cultures. Wiley-VCH, Weinheim, S. 171–189.

Darwin, Ch. (1871 [1966]): Die Abstammung des Menschen. Kröner, Stuttgart.

Dawkins, R. (1994): Das egoistische Gen. (Ergänzte und überarbeitete Neuauflage.) Spektrum Akademischer Verlag, Heidelberg/Berlin/Oxford.

Dugatkin, L. A. (1997): The Evolution of Cooperation. BioScience 47: 355–362.

Dunbar, R. (2010): The Social Brain and Its Implications. In: Frey, U. J., Störmer, Ch. und Willführ, K. P. (Hg.): Homo Novus – A Human Without Illusions. Springer, Heidelberg/Dordrecht/London/New York, S. 65–92.

Heinroth, O. (1941): Aufopferung und Eigennutz im Tierreich. Franckh'sche Verlagshandlung, Stuttgart.

Junker, T. (2006): Die Evolution des Menschen. Beck, München.

Kampits, P. (2011): Wer sagt, was gut und was böse ist? Ueberreuter, Wien.

Kanitscheider, B. (2000): Skepsis, Dogmatismus und Aufklärung. Aufklärung und Kritik 7 (1): 5–15.

Kilian, A. (2009): Egoismus, Macht und Strategien. Soziobiologie im Alltag. Alibri, Aschaffenburg.

Kropotkin, P. (1910): Gegenseitige Hilfe in der Tier- und Menschenwelt. Thomas, Leipzig. (Neuausgabe 2011. Alibri, Aschaffenburg. Mit einem Vorwort von Wuketits, F. M.)

Meyer, P. (1987): Universale Muster sozialen Verhaltens: Wie entstehen aus genetischer Variabilität strukturell ähnliche Lösungen? HOMO 38: 133–144.

Mohr, H. (1987): Natur und Moral. Ethik in der Biologie. Wissenschaftliche Buchgesellschaft, Darmstadt.

Mohr, H. (1999): Triebkräfte des Verhaltens. In: Neumann, D., Schöppe, A. und Treml, A. K. (Hg.): Die Natur der Moral. Evolutionäre Ethik und Erziehung. Hirzel, Stuttgart/Leipzig, S. 65–73.

Oehler, J. (2010): Warum töten Menschen Menschen? Biologie in unserer Zeit 40: 403–410.

Piaget, J. (1973): Das moralische Urteil beim Kinde. Suhrkamp, Frankfurt/M.

Ridley, M. (1997): The Origin of Virtue. Penguin Books, London.

Sommer, V. (2000): Von Menschen und anderen Tieren. Essays zur Evolutionsbiologie. Hirzel, Stuttgart/Leipzig.

Trivers, R. L. (1971): The Evolution of Reciprocal Altruism. Quarterly Review of Biology 46: 189–226.

Verbeek, B. (2004): Die Wurzeln der Kriege. Zur Evolution ethnischer und religiöser Konflikte. Hirzel, Stuttgart/Leipzig.

Vogel, Ch. (1989): Vom Töten zum Mord. Das wirklich Böse in der Evolutionsgeschichte. Hanser, München/Wien.

Vogel, Ch. (2000): Anthropologische Spuren. Zur Natur des Menschen. Hirzel, Stuttgart/Leipzig.

Voland, E. (2000): Grundriss der Soziobiologie. Spektrum Akademischer Verlag, Heidelberg/Berlin.

Voland, E. und Voland, R. (1993): Schuld, Scham und Schande. Zur Evolution des Gewissens. Oder: Wem nützt das Gute? In: Neumann, D., Schöppe, A. und Treml, A. K. (Hg.): Die Natur der Moral. Evolutionäre Ethik und Erziehung. Hirzel, Stuttgart/Leipzig, S. 195–200.

Waal, F. de (2000): Der gute Affe. Der Ursprung von Recht und Unrecht bei Menschen und anderen Tieren. Deutscher Taschenbuch Verlag, München.

Williams, G. C. (1988): Huxley's Evolution and Ethics in Sociobiological Perspective. Zygon 23: 383–407.

Wilson, E. O. (1975): Sociobiology. The New Synthesis. Harvard University Press, Cambridge/Mass./London.

Wolf, J.-C. (2007): Egoismus und Moral. Academic Press, Fribourg.

Wuketits, F. M. (1993): Moral Systems as Evolutionary Systems: Taking Evolutionary Ethics Seriously. Journal of Social and Evolutionary Systems 16: 251–271.

Wuketits, F. M. (1997): Soziobiologie. Die Macht der Gene und die Evolution sozialen Verhaltens. Spektrum Akademischer Verlag, Heidelberg/Berlin/Oxford.

Wuketits, F. M. (1999): Warum uns das Böse fasziniert. Die Natur des Bösen und die Illusionen der Moral. Hirzel, Stuttgart/Leipzig.

Wuketits, F. M. (2009a): Der sanfte Darwin. Psychologie heute 36 (3): 60–63.

Wuketits, F. M. (2009b): Evolutionäre Ethik und die Illusionen der Moral. In: Elsner, N., Fritz, H.-J., Gradstein, R. und Reitner, J. (Hg.): Evolution. Zufall und Zwangsläufigkeit der Schöpfung. Wallstein, Göttingen, S. 421–436.

Wuketits, F. M. (2010): Wie viel Moral verträgt der Mensch? Eine Provokation. Gütersloher Verlagshaus, Gütersloh.

Wuketits, F. M. (2011): Evolutionäre Ethik. Die Naturgeschichte von Gut und Böse. Biologie in unserer Zeit 41: 334–340.

Peter Heintel

Der Mensch *ist* nicht nur, er ist sich selbst aufgegeben

Zur (Natur-)Geschichte der Moral

Inhalt

Vorbemerkung

In den Schulen wird über die Einführung eines Ethikunterrichtes diskutiert, anstatt oder in Ergänzung des Religionsunterrichtes. Wirtschaftsunternehmen verpflichten sich der CSR (Corporate Sozial Responsibility), einer über das Gewinnstreben hinausgehenden gesellschaftlichen Verantwortlichkeit innerhalb der Organisation (Code of Conduct) und über sie hinaus. Ethikkommissionen werden allerorts eingerichtet, sollen Antworten auf Fragen geben, die sich im Normalbetrieb stellen, in ihm anscheinend nicht beantwortet werden können, sei es aus Zeitgründen operativer Überlastung, sei es, weil die jeweilig dominante Systemlogik sich für deren Beantwortung nicht zuständig fühlt. (Die primär naturwissenschaftlich orientierte Medizin kann aus ihrem Methodenspektrum nicht entscheiden, zu welchem Zeitpunkt es sinnvoll ist, »die lebensverlängernden Geräte abzuschalten«, die Humangenetik ebenso wenig, ob es vertretbar ist, Embryonen für Stammzellengewinnung »auf Halde« zu haben; schließlich erhöht sich auf Väter und Mütter durch Fortschritte in der Pränataldiagnostik der Entscheidungsdruck, den ihnen kein Mediziner abnehmen kann, der aber – zumindest seine Wissenschaften – für das Entstehen solcher Situationen mitverantwortlich ist, und die Debatte über einen Schwangerschaftsabbruch lässt sich nicht dadurch beenden, dass man meint, »wissenschaftlich« den Beginn menschlichen Lebens festsetzen zu können, usw.)

1. Zuständigkeit und Offenheit

Also Ethik »boomt«. Es zeigt sich aber gegenüber ihrer Position in der Vergangenheit ein augenfälliger Wandel: Eine Seite betrifft die »Zuständigkeit«, die andere ihre Offenheit. Auch wenn spätestens seit der Aufklärung der Anspruch des Individuums, moralische »Letztinstanz« zu sein, unwiderruflich etabliert zu sein scheint, gab es bis vor Kurzem Institutionen und Autoritäten, die zwar mit abnehmendem Einfluss in ethischen Themen Vorfahrtsrecht beanspruchten. (Hiezu gehören Kirchen, Sekten, Ideologien, staatliche Bildungs- und Erziehungseinrichtungen, aber auch jene Wissenschaften, die sich traditionellerweise mit Ethik »hauptamtlich« beschäftigten, wie z. B. Philosophie, Pädagogik etc.) Alle diese Institutionen sind fragwürdig geworden und dies nicht bloß aus »historischen« Gründen, weil sich ihre Normen, Gebote etc. überlebt haben, die gesellschaftliche Entwicklung Probleme generiert hat, die in ihrem Moralkanon keine Anknüpfungsbasis mehr haben, sondern aus einem weit prinzipielleren Grund: Man kann nämlich nicht einerseits dem Individuum Freiheit und moralische Selbstbestimmung zusprechen, auf der anderen Seite es verpflichten, institutioneller Fremdbestimmung zu gehorchen. Zumindest darf eine Gewissensüberprüfung aller normativen Vorgaben erwartet werden. Auch wenn diese nicht in jedem Fall und an jedem Ort wird stattfinden können und müssen, lässt sich dennoch behaupten, dass nur jene Entscheidungen und Handlungen Anspruch auf moralische Dignität haben können, die über das Prüfverfahren des Gewissens (des »inneren Gerichtshofes« nach Kant zum Unterschied vom »äußeren«, des Rechts) gelaufen sind. In diesem Sinn darf man sich daher auch nicht auf Gesetze und äußere Pflichten hinausreden (»Ich habe ja nur meine Pflicht getan«), denn auch »Verbrechensregime« haben ihre Gesetze, deren Befolgung sie fordern; es kann sich daher durchaus ergeben, dass man aus eigenen moralischen Gründen sich gegen bestehende Gesetze richten muss.

Es ist unschwer nachzuvollziehen, dass die »Individualisierung« der Moral moralische Autoritäten und Institutionen schwächen muss. Es gibt kein »Roma locata, causa finita« mehr, eher ist das Gegenteil beobachtbar: Kaum wird vom Papst in Rom etwas normativ verkündigt, geht die Diskussion erst so richtig los.

Für eine weitere Schwächung sorgen die organisatorische Ausdifferenzierung unserer Gesellschaft sowie der Fortschritt der Wissenschaft und der Technologie. Die Erstere konfrontiert uns mit zwei Konsequenzen: einer zunehmenden Komplexität und Unübersichtlichkeit sowie der Einrichtung unterschiedlicher »Funktionslogiken«, die der Zielerreichung zugewiesener Aufgabenstellungen am besten entsprechen können.

Ersteres lässt »ethische Zentralinstanzen« obsolet werden; Übersicht und Komplexitätsreduktion können nicht einfach an eine »außerhalb« stehende Institution delegiert werden; sie wäre vor allem in situations- und organisationsbezogenen, aber wichtigen Detailfragen und deren Lösung restlos überfordert.

Zweiteres wurde zunächst als moralisch indifferent angesehen. Funktionserfüllung lässt sich, so meinte man, rational begründen und argumentieren, bedarf weiters keiner »moralischen Zusatzerklärung«. Demgegenüber fällt aber auf, dass es weder »reine« Funktionslogiken gibt, noch die »Wertefrage« hinauseskamotiert werden kann. Funktionen müssen erfüllt, gestaltet, prozessiert werden, sie entwickeln sich nicht aus sich selbst heraus. Dafür brauchen sie unterschiedlich engagierte Individuen, sozial unterstützende Gruppierungen, kurzum einen Mikrokosmos zusätzlicher Lebenswelt. Der organisiert sich aber *nicht* bloß aus funktionaler Deduktion – sondern aus einem viel umfänglicheren Umfeld, das bewältigt, mitgeregelt werden muss. In ihm spielen Werte, Normen, Verhaltensformen eine nicht unbeträchtliche Rolle. (Es würde z. B. in Unternehmen nicht so viel über Führung, Motivation, Konflikte etc. nachgedacht werden müssen, wenn Richtlinien für sie sich aus Funktionserfüllung ableiten ließen; »soft facts« verlangen nicht nur Berücksichtigung, sondern fordern eine eigene Behandlung ein.)

Es sind aber des Weiteren Funktionen selbst »Wertfiguren«, erst recht in Verbindung mit dem genannten Umfeld. Schließlich ist es nicht egal, welche Bedeutung, welchen Sinn man im Funktionieren sieht, und damit, welchen Wert darin Arbeit hat. Schließlich gibt es Systeme und Organisationen, denen von der Gesellschaft oder den sie bestimmenden »Mächten« mehr Sinn und Bedeutung zugemessen wird als anderen; sie können sich daher als wichtiger, wertvoller verstehen (ein Maßstab für die Einschätzung ist beispielsweise die abgestufte staatliche Förderung).

Wenn aber Unternehmen, Organisationen (Orte der Konkretisierung allgemeinerer Systemlogiken) jeweils eine außen- und innenbestimmte Wertfigur entwickeln, ist es schwer denkbar, dass sie sich diese von einer anderen – behaupteten – Zuständigkeit relativieren oder gar wegnehmen lassen. Es gilt also auch für die Organisationen: Sie werden zu »Kollektivindividuen«, die Selbstbestimmung für sich einfordern müssen; jede normative oder moralische Intervention von außen entweder als unstatthafte Einmischung in ihr autonomes Leben zurückweisen, bzw. selbst überprüfen müssen, was zu ihrer speziellen Figur passt.

Wir sehen also, dass nicht nur einzelne Individuen entsprechend den Annahmen der Aufklärung zu Instanzen moralischer Selbstbestimmung »gemacht« wurden, sondern dass die Ausdifferenzierung unserer Gesellschaft denselben Pfad beschritten hat. Komplexitätserweiterung und Vervielfältigung der Funktionslogiken und deren Wertfiguren fordern ebenso »kollektive Autonomie« (Selbstbeobachtung und Selbststeuerung auf alle Ebenen).

1.1 Wissenschaft und Technologie

Der Fortschritt in Wissenschaft und Technologie wurde als weitere Ursache für die Schwäche des Zuständigkeitsanspruches moralischer Institutionen erwähnt. Sie wird auf vielen Ebenen schlagend. Bekannt und zur Genüge aufgearbeitet ist der frühe Kampf der Kirche gegen die Naturwissenschaften, ihre Sanktionen gegen Häretiker, ihre aufgerichteten Scheiterhaufen, ihre Exkommunizierungen, ihre Praxis, unwillkommene Bücher auf den »Index« (Leseverbot für Gläubige) zu setzen. Bekannt ist weiters ihr langsamer und langwieriger Annäherungs- und Gewöhnungsprozess, der sogar in Vorschlägen mündet, sich durch eine Seligsprechung endlich mit Galileo Galilei zu versöhnen. Nüchtern und von außen betrachtet demonstriert damit die Kirche eine von Anfang an aussichtslose Gegnerschaft, die auch aufgrund des sichtbaren Erfolges der Naturwissenschaften nur mit einer Niederlage enden kann. Es scheint zwar so zu sein, als wäre die Wissenschaft mit Ausnahmen einiger Eiferer (bekennende Atheisten und »Materialisten«) gar nicht so erpicht darauf gewesen, den religiösen Institutionen ihr Feld streitig zu machen, es »genügte« aber bereits ihr Vorhandensein, ihre Existenz, ihr Erfolg. In all dem beweist sie eine eigene »Wertfigur«, die relativ konkurrenzlos dasteht. Es muss also die Wissenschaft – die »Religion« der Neuzeit – gar nicht explizit als neue Zuständigkeitsinstanz auftreten, implizit ist sie aber als solche wirksam, formt Denkweisen, Haltungen, Argumentations- und Begründungspflichten; dabei ist sie ständig wertsetzend unterwegs. (Allein dass die Natur zum Forschungs*objekt* gemacht wird, die Menschen sich als Subjekte zu ihr in Distanz begeben, hat weitreichende Konsequenzen; ebenso, dass es von Anfang an nicht um »reine« Theorie oder Erkenntnis ging, sondern um Umgestaltung, Veränderung, letztlich Herrschaft – zunächst noch in Religionsnachfolge als »Nachschöpfung« der göttlichen Ursprungsschöpfung begriffen.)

Es grenzt, so könnte man zugespitzt sagen, fast an Selbstbetrug, dass dieser wertsetzende Einfluss so lange hinter der sogenannten »Wertfreiheit« der Wissenschaften sich zu verbergen suchte. Lange hat man so tun können, als würde uns die Natur ihre Wahrheit durch raffiniert gebaute Abhörgeräte zuflüstern (Empirismus), lange versteckte man sich hinter Entscheidungsdelegationen der Art, dass man sich für riskante und problematische Anwendungen als für nicht zuständig erklärte; auffallend und verdächtig ist allerdings jene häufig anzutreffende Bereitwilligkeit, mit der sich Wissenschaften aller Art immer wieder in den Dienst politischer oder ökonomischer Macht begeben haben, von denen sie genau wissen mussten, welchen Zweck sie verfolgten. Erst die Erfindung und der Bau der Atombombe haben hier die Einstellung vieler Wissenschaften geändert, zumindest aber klar gemacht, dass sie sich nicht mehr einfach von dem Kapitel Ethik und Wert verabschieden können.

Auch ihr grundlegender Herrschaftscharakter, ihre Eröffnung ungeahnter Eingriffsmöglichkeiten in Natur und Mensch ist deutlich geworden und hat zu einer zweifelnden Selbstbefragung geführt, die da lautet: »Dürfen wir das alles, was wir können?« Die Frage des »Dürfens« führt in ihrer selbstreflexiven Anmutung aus der Immanenz der Wissenschaften heraus, verlangt eine in ihr nicht gängige, jedenfalls nicht denkübliche Betrachtungsweise. Allein diese ist für uns schwierig, weil wir allzu sehr im wissenschaftlichen Denken geprägt und befangen sind. Fragen nach einem »Dürfen, Sollen« etc. entziehen sich aber eingespielten Gewohnheiten, machen diese selbst zum Thema; begreifen ihre eigene »Wertfigur«.

Ganz hat man diese Tatsache auch noch nicht in den wissenschaftsbesetzten Ethikkommissionen realisiert, in denen Spezialisten aus ihrem Fach heraus versuchen, Unbedenklichkeiten, zu erwartende Vorteile usw. zu erklären und zu begründen. Das ist zweifellos ihr gutes Recht, es geht aber nicht darum, aus der jeweiligen und notwendig spezialistisch eingeschränkten Perspektive Recht zu behalten, es geht vielmehr um die Einforderung eines Ausgriffes, der für die »alten«, religiösen Institutionen gleichsam noch selbstverständlich war: Ich möchte ihn als »universalistisch« ausgerichtet verstehen; als das Einholen lebensweltlicher Zusammenhänge, in denen sich wissenschaftstranszendente Wertfiguren (etwa der Sinn unserer Wissenschaftspraxis, der Zweck unseres Lebens, die Ausrichtung unserer Geschichte, das erwünschte Menschenbild, das Werkzeug und der Einfluss technischer Artefakte auf unseren Alltag, unsere Kommunikation untereinander usw.) mit jenen, die der Wissenschaft immanent sind, auseinanderzusetzen haben.

Damit zurück zu der These, dass die Wissenschaft und die Technik die (vor allem religiösen) Institutionen und ihre Autorität schwächten, weil sie ihnen eine erfolgreichere Wertfigur entgegenstellten; uns damit aber auch von einer vorher unbefragten Abhängigkeit befreiten. Bekannt ist hier wiederum das aufklärerische Bestreben vieler Wissenschaften, das sich gegen die Macht der Kirche und gegen ihren so titulierten Aberglauben richtet. Was setzen sie ihr entgegen? Vernunft und Denken werden gegen den Einhalt gebietenden Glauben ins Treffen geführt, und alle Menschen als grundsätzlich vernunftbegabt angesehen. An die Stelle des buch- und textinduzierten Lehr- und Lernprogramms, bestimmt durch die Autoritäten Aristoteles, Bibel und die großen Theologen, trat ein neuer Bildungsbegriff, der an einer Weiterentwicklung aller Menschen und dem dafür nötigen »Erfahrungswissen« ausgerichtet war. Letztendlich begann man den Vorteil spezialistischer Vertiefung zu erkennen, die Kraft des analytisch elementarisierenden Denkens, das die Zusammenhänge der Wirklichkeit um der Beherrschung ihrer Teile willen aufzuopfern bereit war, und seiner Methoden.

Verbunden mit diesen Entgegensetzungen war ein gewaltiges Versprechen: Damit dem Fortschritt und der Weiterentwicklung der Menschen zu dienen, und zwar in *ihrer* Geschichte, nicht in einem nachher kommenden Jenseits. Der Kirche wurde ihre »Geografie«, ihr Raum entzogen, der Himmel zur Prosa der Planetenbewegungen herabgestuft. Wenn aber der »äußere« Raum fehlt, fällt mit ihm die Metapher für eine von außen wirksame Macht. Gott verliert den »Wohnsitz« in seiner Schöpfung: Auf ihm nimmt die Wissenschaft Platz; sie braucht daher auch für ihr Werk keine transzendenten Begründungen (oder wie Laplace, von Friedrich II. gefragt, wo denn in seinem astrophysikalischen System Gott zu finden sei, sagte: »Sire, ich bedarf dieser Hypothese nicht«).

Ursachen und Wirkzusammenhänge werden immanent ausgewiesen, müssen immer mehr den Absichten der Menschen gehorchen, die ihre Welt neu zusammensetzen wollen. Zwar tun sie zunächst so, als würden sie ihre Gesetze in der Natur vorfinden, ihre Eingriffsmacht und ihren Veränderungswillen verharmlosend; lange aber dauert es nicht mehr, bis sich Denken und Erkennen zumindest als Mitursache alles Gedachten und Erkannten anerkennen musste. Bei dieser »Selbstverursachung« angelangt (»causa sui«), konnte getrost auf andere ihr äußerliche Ursachen verzichtet werden. Die gewaltige Selbstauslegungsgeschichte der Menschen konnte begonnen werden. In den Umbildungen und Neuordnungen von Natur und Welt, ihren Werken und Produkten trafen sie immer wieder auf sich selbst und konnten dort ungestört durch andere »Mächte« fortsetzen; diese hatten keinen Platz mehr, die »Geisteraustreibung« war geschehen und manchmal dabei sogar ihr Betreiber, der menschliche Geist, in Vergessenheit geraten. (Der »radikale Immanentismus« hat sich immer wieder und bis heute bemüht, den Geist in die Materie und ihr Geschehen zu versenken, vielleicht auch aus der Angst heraus, bei ihm an einem Ort des Unbestimmten angelangt zu sein, das verdammte Ähnlichkeiten mit dem alten Gottesbegriff zu offenbaren schien.)

Der wissenschaftliche Immanentismus beförderte eine Entwicklung, die auch das ethische Denken in seinem Begründungsvorhaben nicht unbeeinflusst lassen konnte; zumindest unterstützte er jenes moralische Vorhaben, das der Person und dem Gewissen eine entscheidende Rolle zuzuteilen gewillt war. Ähnlich wie die Wissenschaft auf transzendente Außenhalte verzichten kann (z. B. auf eine vorgängig begründende göttliche Vernunft), und in Vorgehen, Begründen, Anwenden beweist, dass sie keine Unterstützung außerhalb ihrer selbst braucht, verliert auch die Moral und vor allem ihre ethische Begründung ihr früheres Fundament, das außerhalb der besonderen »Moralen«, Sitten etc. angesiedelt war. Dieser Verlust ist folgenreich, weil er die Menschen auf sich selbst zurückwirft; sie als Ursprung ihrer Normen, Sitten, Moralen erkennen muss. Die »kopernikanische Wende« ist nicht bloß in der Naturbetrachtung verfolgbar. Sie findet sich – bis heute wirksam – im Moralischen und in der es reflektierend-begründenden Ethik.

Das frühere Bestreben, ein unverrückbares, unbestreitbares Fundament zu errichten, kann folgende Gründe haben, die für ihre Zeit zweifellos nachvollziehbar sind: Zunächst durfte wohl die Moral nicht in die Verfügbarkeit der Menschen »entlassen« werden. Schon deshalb, weil ein Großteil derselben mit der Sicherung des Überlebens ausreichend und angestrengt beschäftigt war. Eine darüber hinausgehende In-Anspruch-Nahme wäre zweifellos ein Überforderungsprogramm gewesen, zumal wir heute erst so richtig begreifen, was es heißt, individuell und kollektiv moralische Autonomie wahrzunehmen. Da lange Zeit auch keine Veränderung dieses Zustandes in Aussicht stand (eine ständisch determinierende Arbeitsteilung gleichsam »Ewigkeitscharakter« suggerierte), die Lebensbedingungen *aller* determiniert erschienen, konnte dieser Determination auch insofern entsprochen werden, als mit ihr eine generelle *Außen*bestimmung angenommen werden konnte. Sie konkretisierte sich in doppelter Gestalt:

Einmal in individueller Heteronomie gegenüber den jeweiligen institutionell verwalteten Sitten, Normen etc. Die moralische Orientierung und Bestimmung war vorgegeben und im Gebotscharakter verpflichtend; zum anderen in einer generalisierten Heteronomie gegenüber dem Fundament (Gott). Die gesamte Ordnung und Schöpfung bedurfte eines Außenhaltes, auch zur Selbstrechtfertigung nicht immer gerechter Rechtsvorschriften und Sittengebote, von deren »Erfindung« die dafür Privilegierten ablenken konnten und entlastet wurden. Dieses doppelte System der Außenorientierung sicherte in nachvollziehbarer Weise Stabilität, schaffte eine klare Orientierung, konfrontierte weder die Individuen noch das ganze System mit sich selbst. Die verschiedenen Reformationen im kirchlichen Bereich, die Aufklärung, der Fortschritt von Wissenschaft und Technik haben uns diese Heimat im »Außen« genommen, mit ihrem Immanentismus uns auf uns selbst verwiesen. Der »Weg nach innen« ist aber keineswegs bereits ausgeschildert, er muss erst angelegt werden. Wegbereitungen im Neuland sind aber mühsam; zwar durchdringt uns ein neues Gefühl unbegrenzter Freiheit im Abschütteln alter Fremdbestimmungen, es ist dieser »Weg nach innen« aber auch mit unerwarteten und überraschenden Entdeckungen verbunden, die ahnen lassen, wie steinig das Voranschreiten sein wird. Zumal weil wir bemerken müssen, dass wir bei uns selbst angekommen anscheinend in doppelter Weise genarrt werden.

Einmal finden wir ein Individuum, das weiterhin in einer Welt diverser Fremdbestimmungen zu leben hat, zum anderen ein »leeres«, unbestimmtes Selbst, in dem sich kein richtungsgebender Maßstab so ohne Weiteres vorfinden lässt. Kein Wunder also, wenn bis heute der Wunsch nicht verloren gegangen ist, doch irgendwo noch Außenhalte für sein Handeln, sein Verhalten zu finden. Immanuel Kant sprach einmal vom

Sicherheitsversprechen der Bequemlichkeit, das uns im Verlassen unseres Unmündigkeitszustandes behindert. Dieser Hinweis fasst aber das Problem zu individuell, wie auch der »kategorische Imperativ« sich in seiner Appellhaftigkeit den zu erfragenden Prozess seiner Realisierung nicht zum Thema macht. So endet der Verlust der Außenhalte in einer Selbstbezüglichkeit, die zwar den »Innenraum« der individuellen Freiheit aufmacht, uns das Geschenk der Autonomie beschert, uns dann aber im Stich lässt. Es entsteht ein Vakuum, das schließlich einen Relativismus und Subjektivismus hervorbringt, die Autonomie abstrakt werden lassen bzw. einen ungerichteten Zwang zur Selbstthematisierung in allem und jedem nach sich ziehen. Damit wird die Moral und ihre Begründung »ortlos«, kann sich nicht mehr nach außen vermitteln; denn zu Letzterem wäre sie gerade deshalb verpflichtet, weil nur durch eine »Wiederveräußerung« jene Verbindlichkeit entstehen könnte, die früher die Außenhalte garantierten. Der Weg in das Innere wurde daher auch für das Recht anders vollzogen. Zwar verzichtete man ebenso auf unerschütterliche Fundamente, gab also der Selbstbezüglichkeit einen Ort – sowohl in der demokratischen Volkssouveränität wie auch in der im Parlamentarismus verankerten Rechtspflege, die für die Schaffung verbindlicher Gesetze zu sorgen hat.

Zweigeteilt läuft dieser Prozess: Auf der einen Seite finden wir die Menschen als Ursache ihrer Gesetze, auf der anderen ihren Staat als rechtssichernden Außenhalt, in dem sich Gewaltmonopol mit Sanktionsmöglichkeiten verbindet, die auf bloß individuelle Autonomie keine ausgebreitete Rücksicht nehmen dürfen. Das alles ist in Prozessen und Organisationen verankert, selbst rechtlich verfasst. Allerdings besteht die Gefahr neuerlicher Fremdbestimmung diktierender Außenhalte immer; schließlich kommt es darauf an, ob und welche politische Macht sich in einer Gesetzgebung »inkarniert«. In diese Gefahr kommt die »freigesetzte« Moral zwar nicht, es fehlen ihr auch die »Prozesse«, über die das Rechtssystem verfügt. Ihre Unverbindlichkeit sowie die Einsamkeit selbstbezüglicher »Quälerei«, neigt aber nur zu oft dazu, neue Außenhalte in Sekten, Fundamentalismen etc. zu suchen.

2. Der Mensch als »Selbstdifferenz«

Zu Beginn wurde neben der Zuständigkeitsfrage noch »Offenheit« als Thema angesprochen. Was bedeutet diese in Bezug auf Moral und Ethik? Ihre Bedeutung kann bereits aus dem bisher Erörterten begriffen werden. Selbstbezüglichkeit, Individualisierung und die Herausstellung des Gewissens als moralische Letztinstanz »erweitern« gewissermaßen das Fundament der Moral auf prinzipiell alle Menschen, die von ihrer Autonomie Gebrauch machen wollen. Diese »quantitative Pluralisierung« wäre *dann* kein schwerwiegendes Problem, wenn alle diese Individuen »gleich« wären; sie also bei sich selbst nachgefragt immer eine gleiche Antwort erhielten, was denn das Gute, das moralisch Richtige sei. Nun sind Individuen nicht nur verschieden durch Herkunft, Lebensgeschichte, kultureller Zugehörigkeit, finden sich nur in ihrer Umgebung die verschiedensten Vorgaben, Standards, Gebote, Empfehlungen, auf die sie sich beziehen müssen, was alles sie unterschiedliche Antworten auf moralische Entscheidungssituationen geben lässt; sie haben darüber hinaus keinen festen Anker in sich selbst.

Der Preis der Autonomie ist zunächst die Erfahrung einer *leeren* Differenz. Die Selbstbezüglichkeit entdeckt sich als *Objekt,* als das bisher gewordene »empirische Ich« und als ein *unbestimmtes Subjekt,* das diesem gegenübersteht. Wäre Letzteres bereits bestimmt, also z. B. ein »fester Charakter«, durchdrungen von moralischen Prinzipien, wäre Selbstbestimmung bloß deren Exekution. Charakter und Prinzipien sind aber keineswegs unabhängig vom Gewordensein dieses

Selbst, haben also keinen Anspruch auf unbedingte Gültigkeit; sie sind verursacht, geprägt durch Lebensgeschichten, Schicksalsschläge, Erfolge, Zufälligkeiten. Diese geprägte Gemengelage verschafft uns zwar allen eine gewisse Einzigartigkeit, aber gerade diese kann sich nicht zum Prinzip erheben, schon gar nicht gegenüber anderen sich als moralische Instanz behaupten zu wollen.

Es ist das, was uns an den sogenannten »Moralaposteln« so stört, dass sie ihre Einzigartigkeit zu unserer machen wollen, sich damit über uns erheben und uns jene Selbstbestimmungsmöglichkeit nehmen, die sie für sich beanspruchen. Es scheint daher das Schicksal des Gewissens zu sein, für sich bleiben zu müssen, gleichsam in selbstbezüglicher Einsamkeit, man kann es nicht zur Autorität über andere machen. So ist die unwiderlegbare Berufung auf sein Gewissen zwar berechtigt und angebracht, aber für andere folgenlos, es sei denn, sie kommen auf dem Weg der Selbstüberprüfung zum gleichen Ergebnis. Recht betrachtet ist daher der Gebrauch des Gewissens zugleich die Aufforderung zur Anerkennung aller anderer Gewissen, darüber hinaus eine solche, die zum »Dialog« verpflichtet. Nur in einem solchen – wobei dieser sich nicht auf bloß zwei Personen beschränken muss – kann individuelle Einsamkeit überwunden werden, ohne sich letztbezügliche Autorität anzumaßen. (Sogar jenes Individuum, das die Menschwerdung Gottes lebte und verkörperte, muss als endliche individuelle Autorität sterben und gerade darin seine »Erlösungsbotschaft« bewahrheiten.)

Auch wenn es zunächst wie ein unaufhebbarer Widerspruch erscheint, es ist gerade die »Erfindung« des Gewissens und der in ihr ihm beigemessene individuelle Wert, der, um nicht bloß für sich zu bleiben, eine Gemeinschaft der Selbstbezüglichkeit verlangt, in der der individuelle Wert zur »kollektiven Autonomie« voranschreitet. Diese stellt sich aber nicht von selbst ein, verlangt Prozesse, wenn nicht überhaupt dafür vorgesehene Einrichtungen (Institutionen in aufgeklärter

Gestalt). Damit wird Moral zur Sache gemeinsamer Entscheidungen und Vereinbarungen; und alles, was zum Thema von Entscheidungen gemacht werden kann, gerät in den Fluss der Veränderung. Entscheidungen zum Fundament gemacht heißt immer auch ihre Materie in den Horizont der Offenheit stellen.

Diese Offenheit ist allerdings bereits in der beschriebenen »leeren Differenz« angelegt, in der ein »Selbst« sichtbar wird (»transzendentales Subjekt«), das in seinem Gegenüber deshalb unbestimmbar bleibt, weil es *Grund* aller Selbstbestimmung ist. Man kann dieses Selbst nicht dort finden wollen, wo man immer schon angelangt ist. Zwar mag es gelingen, bei sich selbst ganz komfortabel zu Hause zu sein, aber selbst diese Zustandsfeststellung trifft ein Selbst, das, weil es sie treffen kann, nicht völlig in dieser Selbstzufriedenheit aufgeht. (Eine vollständige, dauerhafte »Identität« ist uns daher ohnehin versagt, eher dominieren die bekannten Sprüche: »Stell dir vor, du gehst in dich und niemand ist zu Hause« oder »Ich wär ja so gern ganz anders, aber leider komme ich so selten dazu«.)

Mit diesem prinzipiell unbestimmbaren Selbst – eben weil es jeder Selbstbestimmung vorausgesetzt bleiben muss – erreichen wir allerdings einen Begriff des Menschen, der für alle Ethik grundlegend ist. In Verbindung mit der angesprochenen Offenheit besagt er nämlich, dass der Mensch oder besser die Menschen nicht nur *sind*, sondern sich zugleich *»aufgegeben«* sind. Moralität hat ihren Ort in dieser Differenz. Unser »Sein« ist in vielfacher Weise bestimmt. Wir sind Geschöpfe der Natur(geschichte) – davon noch später, »Produkte« von Erziehung und Sozialisation, haben nicht nur Geschichte, sondern *sind* sie auch, »Ergebnisse« eigener Lebensgeschichte und ihrer Erfahrungen, sogar Gefangene unserer eigenen Einrichtungen, Ideologien, Systeme (gegenwärtig an den Krisen deutlich erkennbar). Allüberall also walten Determinationen – was viele Menschen, oft auch Wissenschaftler dazu neigen lässt, Freiheit überhaupt zu leugnen. Dennoch, auch wenn wir uns immer wieder anscheinend »bewusstlos« in unseren eigenfabrizierten Entfremdungen herumtummeln, mit erstaunlicher Kraft erheben sich immer wieder »Freiheitsbewegungen«, die nicht nur andere Zustände wollen, sondern wie es scheint, zunächst nur um dieser Freiheit willen kämpfen, ihr Leben aufs Spiel setzen. Oft kann auch gar nicht gewusst werden, was die Zukunft bringt, wichtig aber ist jedenfalls die Erinnerung an eine verloren gegangene Differenz, die sich neu etablieren will. Es ist deshalb im Übrigen auch der Übergang von Revolutionen in »geordnete Verhältnisse« so schwierig, weil in der zunächst leeren Differenz sich noch keine allgemein gangbaren Wege samt Wegweiser zeigen. Dennoch, Freiheitsbewegungen sind gelebte Differenzerfahrung, öffnen gegenüber dem Bestehenden, dem Sein, ein Aufgegebensein, ein Sollen, ein Anderssein-Wollen, eine Utopie, ein neues Menschenbild.

Auch wenn sich in Letzterem nicht verharren lässt, aus dem Unbestimmten in eine neue Selbstbestimmung übergegangen werden muss, klar ist geworden, dass Menschen Differenzwesen sind, klar auch, dass sie auch im Moralischen nur in sich selbst ein Fundament haben, eines allerdings, das ständig selbst in Bewegung ist.

Moral, so die Auskunft von vorhin, hat ihren Ort in dieser »Wesensdifferenz«. Sie kommt weder aus unserer »Natur«, die es eben als solche, als unerschütterliches Sein gar nicht gibt – metaphorisch könnte man sagen, dass sich in uns unsere Natur über sich hinausgehend »geöffnet« hat – (was wäre sonst die viel beschworene »Plastizität« des Gehirns), noch ist sie aus einer evolutionären Naturgeschichte ableitbar. Zwar scheint es geboten, mit unseren »natürlichen Voraussetzungen« pfleglich umzugehen, sie selbst aber geben ein bestimmtes Maß nicht vor. Wir können daher mit unserer Natur so allerhand anstellen, was aus ihr selbst nicht folgt; ja wir können sogar den Versuch wagen, sie weitgehend zu negieren, bis hin zum In-Kauf-Nehmen des Todes.

Die Moral hat aber auch kein Fundament in transzendenten Mächten, in Außenhalten, die uns die Differenz abnehmen, für uns entscheiden, was gut und böse ist. Die »Erfindung« *dieses* Fundaments hat aus historischen, ökonomischen Gründen die Wesensdifferenz nach außen verlegen müssen. Was der Mensch als ein sich selbst immer aufgegebenes Wesen ist, wurde institutionell und autoritativ stellvertretend beantwortet. Da aber zugleich die Macht der Institutionen von dieser Differenzverschiebung abhing – und diese Macht verfügt über annehmliche Privilegien –, kann sie nicht daran interessiert sein, Menschen mit ihrer eigenen Offenheit bekannt zu machen; man hätte sie in ihren begrenzten Handlungsmöglichkeiten damit wohl auch in Verlegenheit gebracht.

Gesellschaften dieser Art mit nach außen gesetzter Selbstdifferenz haben auch nur einen beschränkten Zukunftsbegriff. Systemstabilität gewinnt man durch Kontinuität, in der sich Bekanntes, Gleiches wiederholt. Das »Irdische« gehorcht tendenziell immer noch einem zyklischen Zeitverständnis. Den ewigen Wiederholungen des Gleichen entkommt man nur durch eine teleologisch ausgerichtete Heilsgeschichte, die ihren konkreten Ort allerdings in einer jenseitigen Zeit hat. Für diese macht man sich dadurch würdig, indem man nicht allzu sehr »sündigt«, d. h. die Vorschriften der fremdbestimmenden Institutionen missachtet. So lässt sich aus einer »über- und außerzeitlichen« Zukunft die Gegenwart bestimmen und ordnen, ein Trick, den bis heute jede Macht verwendet, um ihren moralischen und rechtlichen Vorschriften bzw. Vorschriftsabsichten Durchsetzung zu verschaffen. Die offene Zukunft, Ort der Möglichkeiten, aber auch der Angst, wird geschlossen, indem sie bestimmt wird, jeglicher kollektiven Differenz entzogen.

3. Das Individuum in der Spannung von Egoismus und Altruismus

Wenn von Moral gesprochen wird, denkt man üblicherweise an bestimmte Gebote, Verbote, getroffene Übereinkünfte, Benimmregeln, manchmal auch an »hehre« Forderungen, die den besseren Menschen hervorbringen sollen. Im nächsten Schritt, meist erst dann nämlich, wenn an diesen Bestimmungen Zweifel oder Relativierungen auftreten, wird nach Verankerungen und Begründungen gesucht, so auch, wie bereits ausgeführt, nach Fundamenten und diese repräsentierenden und schützenden Institutionen. Insbesondere wenn es einen Werterelativismus bzw. -subjektivismus zu bekämpfen gilt, aber auch, wenn gewohnte Regeln verletzt oder außer Kraft gesetzt werden, deutlich wird, dass man mit Recht und Gesetz nicht auskommt, ist man mit neuen oder alten Kodizes wiederum schnell bei der Hand. Die Hoffnung ist, dass, wenn man nur neue oder alte, wiedererinnerte ethische Regeln hat, die einigermaßen einsichtig sind und noch vollzogen werden können, diese auch berücksichtigt und umgesetzt werden.

So finden sich in Leitbildern, Codes of Conduct, CSR-Programmen etc. durchaus respektable Normvorschläge für moralisches Handeln. Immer wieder ist aber die Enttäuschung groß. Man folgt ihnen nicht oder nur teilweise, die einen ja, die anderen nicht. Die Ersteren halten sich dann meist für die Dummen, kritisieren Letztere, die anscheinend weniger altruistisch nur ihre eigenen persönlichen Ziele verfolgen.

In theoretischer Reflexion entbrennt dann der Streit, ob Menschen generell eher Egoisten sind oder auch altruistische Anteile in sich haben. Ein Blick zurück in die Geschichte kann diese plumpe Alternative leicht einer Klärung zuführen: Menschen waren immer beides, wobei es von der Gesellschaftsform und der zu bewältigenden Überlebensnot abgehangen hat, welche Seite eher in den Vordergrund gespült wurde.

Seit einigen hundert Jahren ist diese Alternative nicht zufällig zu einem heiß diskutierten ideologischen Thema geworden, auch aus dem Grund, weil unsere Neuzeit an einer »Herausentwicklung« des Individuums aus bestehenden Kollektiven ein besonderes Interesse hatte. Sie brachte uns einerseits jene »Aufwertung« der Person (bis in die Menschenrechte hinein), die, wie bereits erwähnt, für die freie Selbstbestimmung in moralischen Angelegenheiten unverrückbar maßgebend wurde, andererseits aber auch ein »freigelassenes« Individuum, das insbesondere zum Zielpunkt ökonomischer Interessen wurde: zum einen in der Herausbildung wirtschaftlicher Unternehmerschaft, zum anderen als Zurechnungsfaktor messbarer Leistung im Arbeitsprozess. Auch wenn dieser mit Autonomie (gar »Selbstverwirklichung durch Arbeit«) zunächst recht wenig zu tun hat (sichtbar an der tayloristischen Funktionsreduktion von Personen), ist eine Entwicklung auch hier schwer aufhaltbar. Arbeitskampf und Streiks sorgen für eine erweiterte Wahrnehmung der Person, aber auch im Arbeitsprozess selbst wird individuelle Kompetenz (das sogenannte »Humankapital«) immer wichtiger. Nicht zuletzt muss der Kapitalismus die Bedeutung von Binnenmarkt und Kaufkraft akzeptieren, die die Individuen zu Konsumenten, schließlich zu umworbenen Kunden machen.

Zwar gibt es immer wieder Rückfälle in der das »freie« Unternehmertum, gezwungen auch durch eine im System angelegte Konkurrenzideologie, den »anderen« Individuen ihre bereits erreichte Ausprägung nimmt (Armut erzeugt, eine abhängige Reservearmee von Arbeitslosen produziert, Lohndumping praktiziert und dadurch Konsumpotenzial eingeschränkt), es wird aber immer klarer, dass unser Wirtschaftssystem selbst Schaden nimmt, wenn es nach »aufgeteilter« Individualität handelt. Dass diese unaufhaltsame Hervorbringung der Individualität nicht bloß das selbstbestimmte moralische Individuum hervorgebracht hat, dessen Moralität gemäß dem kategorischen Imperativ sich geradezu gegen individuelle Willkür und Selbstsicherheit richtet, also in eigenem Handeln andere mitzudenken verpflichtet sein soll, ist evident. Ebenso, dass jene von der Ökonomie hervorgebrachte Seite, die auf Konkurrenz, Verdrängung, Konsum (»ich bin, was ich habe«), persönliches Eigentum etc. setzt, ein Individuum begünstigen muss, das vordergründig insbesondere sich selbst im Auge hat; also »egoistisch« ist.

Das erkannten bereits die Klassiker der ökonomischen Wissenschaften und machten im Handumdrehen eine bis heute wirksame Theorie daraus. Zugespitzt formuliert: »Wenn alle nur intensiv ihre egoistischen Interessen verfolgen, daher auch mehr leisten, produzieren, haben alle etwas davon.« Geboren war der »homo oeconomicus«, zugleich ein abstraktes methodisches Verständnis des Menschen als Individuum. Aber wie schon der Titel sagt, handelt es sich hier nicht um jenes freie nach allen möglichen Richtungen hin offene selbstbestimmte Individuum, sondern um ein ökonomisch reduziertes. Die Leitplanken seiner Freiheit sind durch die geltenden Kategorien des Systems bestimmt.

Konkurrenz erhält einen höheren Wert wie Kooperation (obwohl in einer interdependenten globalen Gesellschaft, ja nicht einmal in einer kleineren Kommune nichts ohne Kooperation laufen würde; vieles davon ist allerdings selbst an Funktionssysteme und Technologie delegiert), Egoismus scheint mehr Vorteile zu bringen als Solidarität, Besitz und Eigentum sind jene Kategorien, an denen sich äußerlich für andere und gegenseitig anschaulich macht, wer man als Individuum ist, wie man sich von anderen unterscheidet.

Wie überhaupt Unterscheidungsbedürfnisse untrennbar mit der Genese der Individualität verbunden sind. In ständischen, überhaupt allen »vorbürgerlichen« Zeiten ist Unterscheidung nicht gefragt. Das fremdbestimmende Normensystem ordnet zu, Unterschiede sind »großflächig« (also z. B. zwischen den Ständen oder zwischen Kirche und Staat). Nun aber gibt es ein allen Menschen Gemeinsames, nämlich Individuum, Person zu sein. Wie wir bereits wissen, unterscheiden sich Letztere vielfältig nach Herkunft, Sozialisation, Lebensgeschichte etc. Dennoch kommt ihnen allen etwas zu, das sie verbindet, nämlich Person zu sein. Die Aufklärung hat daraus die unteilbare Würde aller Menschen abgeleitet, die daher niemals nur als Mittel zum Zweck für andere gebraucht werden dürfen. Als Mittel für andere haben wir unseren »Preis«, als Person darüber hinaus, wie Immanuel Kant meint, Würde.

Wir wissen aber ebenfalls schon, dass genau dieses Selbst unbestimmt, unfassbar ist, zunächst ein bloßes Gegenüber zu sich selbst. Die sogenannte Identität einer Person resultiert immer aus der Vermittlung der genannten Differenz. In ihr unterscheide ich mich von anderen, sie ist sozusagen mein eigenes Werk. Die Individualität enthält beides: ein Allgemeines, das unteilbar allen Menschen in gleicher Weise zukommt, und das Besondere, das es aus sich macht. In ihm ist man nicht wie jeder andere. Die Frage ist nur, nach welchen Parametern sich dieser »Selbstschöpfungsprozess« richtet. Es kann vermutet werden, dass uns unser Wirtschaftssystem hier einige Außenhalte liefert. Deren Übernahme macht dieses System einerseits dominant, uns andererseits in der Konkretion unserer Individualität zu »eingefleischten« Kapitalisten.

4. Über kollektive Verbindlichkeit

Ist also die hier vorhin ins Zentrum gerückte Offenheit gar nicht vorhanden, eine Illusion? Ist unsere ganze Moral in einer Weise systemdeterminiert, gar nicht so sehr unterschieden von jenen alten fremdbestimmenden Systemen und Institutionen, die wir angeblich hinter uns gelassen haben? Ist der Ethik-Boom nur ein »Feigenblatt« oder eine hilflos-verlogene Geste eines »unglücklichen Bewusstseins«, das zwar weiß, was fehlt und geboten wäre, sich aber längst aufgegeben hat? Wieso nützen wir unsere Einsichten so wenig, verzweifeln an nicht gelingender Umsetzung? Sind die Versprechen der Aufklärung nicht eingehalten worden oder waren sie schon damals zu abstrakt, »idealistisch«, ohne Realitätssinn gegenüber der sich entwickelten Ökonomie? War die Befreiung des Individuums aus alter Abhängigkeit nur eine im Denken, eine »regulative Idee«, die sich nicht als Wirklichkeit konstituieren konnte? Oder ist es überhaupt sinnlos, Individuen freizulassen, ohne sie wieder »einfangen« zu können? Waren die alten Institutionen hier in ihrem Menschenbild »realistischer«, indem sie Individuen in gemeinsamer Fremdbestimmung vereinigten? Spielt unsere Gesellschaft als »freie Marktwirtschaft« nicht mit dem Schein von Freiheit? Hat sie nicht trotz aller Beteuerungen die Individuen erst recht »versklavt«?

Diese und ähnliche Fragen erwarten Antworten, zumal dann, wenn wir die Offenheit verteidigen wollen. Freilich befinden wir uns in einem Ausgangsdilemma: Einerseits müssen wir uns eingestehen, dass Ökonomie und Technologie im Verbund für jene »existenzielle Entlastung« gesorgt haben, die sowohl eine individuelle, wie auch eine allgemeine Teilhabe am Moralgeschehen ermöglichte. Autonomie der Überlebensnot, dem Existenzkampf abgerungen, kann nur ein sehr kleines Feld bespielen. Auch die Demokratie bedarf vorgängig dieser Entlastung; allein durch den Aufwand begründet, den sie braucht, um Recht und Gesetz in der Verfasstheit der Menschen entstehen zu lassen. Man könnte sogar noch hinzufügen, dass für eine Aktivierung der Volkssouveränität, ein politisches Engagement der Bürger immer noch zu wenig existenzielle Entlastung gegeben ist. (Das merken vor allem Bürgerinitiativen und NGOs, die ihre Tätigkeit »nebenberuflich« oder »ehrenamtlich« ausüben müssen; es ist in unseren repräsentativen Demokratien eine sie schwächende Trennung beobachtbar. Hier ein Volk, dem die Zeit fehlt, sich politisch zu engagieren, das sich nicht einmal gut informieren kann, dort »Berufspolitiker«, denen es immer unmöglicher wird, ihr eigentliches Geschäft dem Volk zu vermitteln, was Letzteres notwendigerweise immer intransparenter macht.)

Betrachtet man also Politik und Demokratie und den Aufwand der Selbstbestimmung, könnte man leicht zu dem resignativen Schluss kommen, Moralität sei ausschließlich Sache der Individuen, in ihrem eingegrenzten Handlungsbezirk, in dem sie tatsächlich Entscheidungsmacht haben. Jeder andere Regelungsbedarf menschlichen Zusammenlebens soll dem Recht und den Gesetzen überlassen werden, bzw. den Wertfiguren funktionaler Systeme.

Ohnehin sei es historisch betrachtet von übler Folge, wenn sich Politik und andere öffentliche Institutionen der Moral annehmen. Aus den vorhandenen Menschen »bessere«, »neue« machen zu wollen, hat immer noch in tyrannische Erziehungsmaßnahmen geführt; wie ebenso zu beobachten ist, dass »Unrechtsstaaten« ihr »Recht« vielfach in moralischer Argumentation stark zu machen versuchten.

Tatsächlich gibt es diese »individualethischen« Schulen, die nicht zu Unrecht vor einer kollektivethischen Ausweitung warnen; Selbstbestimmung an das individuelle Selbst binden. Sie haben dafür auch noch gute Gründe bei der Hand, die nicht leichtzunehmen sind. Wie passen moralische Selbstbestimmung von Individuen und verallgemeinerte moralische Normen zusammen? Wenn es für Letztere keine »offiziellen« Zuständigkeiten mehr gibt, wer sollte für ihre Bewahrung, ihre Gültigkeit sorgen? Wer kontrolliert ihre Einhaltung? (»Sittenwächter« waren im calvinistischen Genf wohl eine der übelsten Erfindungen.)

Kann es Sanktionsmaßnahmen geben und wer soll mit ihrer Durchführung beauftragt werden? (In einem CSR-Kodex ist folgender Satz zu finden: »CSR kann nur freiwillig sein, es bedarf keiner ›gesetzlichen Vorschriften‹«; in: »Zwischen Gewinn und Verantwortung«, S. 23, veröffentlicht vom Roman-Herzog-Institut; es entspricht durchaus dem aufklärerischen Selbstbestimmungspostulat in Moralangelegenheiten, wenn hier von »Freiwilligkeit« die Rede ist. Allerdings wird, da es sich ja in dem Fall um wirtschaftliche Unternehmungen handelt, offensichtlich von einer »kollektiven« Freiwilligkeit gesprochen. Wie aber kommen Organisationen zu einer solchen? In Ansätzen hat man ihr dadurch Gerechtigkeit widerfahren lassen, indem man Mitentscheidungsprozesse der Mitglieder eingerichtet hat; und tatsächlich haben sich diese intensiv mit ethischen Themen beschäftigt und oftmals auch Leitbilder, Normierungsvorschläge, Verhaltenskodizes etc. zustande gebracht. Man hörte auch, dass die Betroffenen in diesem Prozess »moralischer Diskussionen« interessiert, engagiert und zeitweise auch ganz glücklich waren. Das Problem ist aber freilich das Nachher; was dann? Zumal, wenn gleich der nächste Satz im CSR-Katalog lautet: »CSR muss im Kontext des Kerngeschäftes stattfinden, und zum Unternehmen passen«. Und: »Unternehmen sind für die Gesellschaft da«, nicht umgekehrt. Unternehmertum ist kein »Selbstzweck«.

Zwei Probleme drängen sich sofort auf: erstens mögliche Konsequenzen des Freiwilligkeitspostulats. Freiwilligkeit könnte nicht bloß für die Einführung und Einrichtung von CSR zur Geltung gebracht werden, sondern auch für die Beachtung der Normen, ihre Einhaltung und Befolgung. In diesem Fall wäre von vornherein jede Verbindlichkeit geschwächt. Zweitens bedarf jede Norm aufgrund ihrer notwendigen Abstraktheit und Allgemeinheit der situativen Konkretisierung. Wie erfolgt diese? Wer ist dafür verantwortlich? Aus den vorhin zitierten Festschreibungen ist weiters zu entnehmen, dass sie nicht nahtlos zueinanderpassen. Es ist eher zu erwarten, dass in ihnen Widersprüche verborgen sind, Konfliktpotenziale »schlummern«, die nicht einfach beiseitegeschoben werden können. Wie wird mit ihnen umzugehen sein? Wer hat Interpretationsmacht? Was muss vorgesehen werden, dass Normen und Kodizes nicht Papier bleiben, bestenfalls Material für wenig befolgte Appelle?)

5. Kollektivmoral – eine individuelle »Überforderung«?

Wir müssen also zugeben, dass bezüglich einer »Ausdehnung« der Moral über Individuen hinaus noch einiges an Aufgaben auf uns zukommen wird; jedenfalls Organisations-Entscheidungsaufwand. Müssen wir uns diesen überhaupt antun? Oder soll man uns damit besser »in Ruhe lassen«? Evolutionsethiker plädieren dafür und geben mit dem Heranziehen historischer Beispiele und unserer primären Existenzweise als Gruppenwesen dafür gute Gründe an. Es käme zu moralischen Überforderungen, zu Unverträglichkeiten, uneinlösbaren Zumutungen. Des Weiteren würde sich unsere ohnehin schon äußerst komplexe Welt, mit der wir schon unsere liebe Not haben, noch um einen weiteren Komplexitätsgrad erhöhen: In ihrer Gruppenbezogenheit bezeugen Individuen, dass sie nicht bloß egoistische Individuen sind, sondern durchaus altruistisch zur Kooperation fähig sind; auch weil sie sich immer auch Gegenleistung erhoffen, erwarten dürfen. So bildet das Verhältnis von Individuen und Gruppe den realistischen Bereich menschlicher Moralfähigkeit ab. Jede moralische Forderung, die Gruppengrenzen überschreitet, bewegt sich auf dünnem Eis. »Liebe deinen Nächsten wie dich selbst« mag angehen, weil dieses Gebot recht plastisch die Dialektik von Egoismus und Altruismus wiedergibt, ohne Selbstliebe es auch schwerfällt, den Anderen anzuerkennen. »Liebet eure Feinde« (Fremde) hingegen ist jenes Gebot, das deutlich in die Überforderungszone hinüberwandert; jedenfalls wäre mit ihm ein emotioneller Gewaltakt verbunden oder der Eintritt in ein spirituelles Reich allgemeiner Menschenliebe, in dem wir uns eine Nähe geben können, die räumlich und zeitlich nicht existiert. Würden wir allerdings bereits in diesem Reich Heimat haben, könnten wir unmöglich die Grauslichkeiten ertragen, die uns über das Fernsehen täglich ins Haus geliefert werden. Es stünde uns daher gut an, uns zu bescheiden, nicht etwas von uns zu verlangen, das nicht unserer geschichtlich (und evolutionär) gewachsenen »Natur« entspricht. Schließlich ist ebenso zu bemerken, dass Moralanforderungen und -gebote, die diesen »intimen« Bezirk überschritten haben, nur mit mehr oder weniger Gewalt gegen die Natur durchgesetzt werden könnten. Wenn man beispielsweise die Geschichte der Sexualgebote und -verbote betrachtet, müsste man in ihrer Disziplinierungswütigkeit einen ausgeprägten Hang zum Masochismus erkennen.

Und dennoch, Ethik boomt und es stellt sich die Frage, ob wir uns neuerdings wiederum in Zwangsdisziplinierungen einüben wollen. Zunächst muss zumindest der Befund der Evolutionswissenschaftler ernst genommen werden. Selbst wenn es nämlich den Anschein haben mag, dass die Zustände in unserer Welt, in der Politik und in den Institutionen förmlich nach Moral und Ethik schreien, die globalen Ungerechtigkeiten ein »Weltethos« fordern, müssen wir uns zugleich fragen, ob wir hier nicht überfordert sind. Wenn aber ja, was dies für unsere global zusammengewachsene Erde bedeuten könnte.

5.1 Natur und Moral

Es kann an dieser Stelle nützlich sein, auf den Vortragstitel zurückzukommen. Nicht ohne Absicht hat wohl der Veranstalter »Natur« in Klammer gesetzt; damit zugleich die ganze Problemlage vorgezeichnet. Was gut und böse ist, wird nicht in der Natur entschieden. Wir dürfen annehmen, dass in ihr Moral kein Thema ist. Zwar gibt es, wie uns von Biologen versichert wird, auch bei höheren Säugern ein Sozialverhalten, das sowohl auf altruistische wie auch auf egoistische Ausprägungen schließen lässt, einen diese regelnden Moralkodex haben wir aber bisher nicht finden können. Insofern ist es auch problematisch, mit ethischen Kategorien an die Natur heranzutreten; Analogieschlüsse sind Anthropomorphismus und so finden wir in der Natur immer wieder, was wir gerade brauchen, machen sie uns zum Vorbild, wenn wir unserer Sache nicht so sicher sind, bewundern ihre »Klugheit«, weil wir in unseren wissenschaftlichen Nachbildungsversuchen ihre »Vollendung« immer nur annähernd erreichen, finden sie »rücksichtslos« schicksalhaft, wenn ein Meeresbeben uns einen Tsunami beschert.

Das platt-teleologische Aufklärungsdenken hat es zustande gebracht, alles Natürliche in letzter Konsequenz auf den Menschen zu beziehen, den Pelz der Eisbären z. B. auf die Bekleidungsnotwendigkeit der Eskimos. Im Sinne der »Krone der Schöpfung« war dies durchaus konsequent gedacht: Für-sich-genommen ist die Natur nichts, ihr Sinn offenbart sich erst in ihrem Zweck für die Menschen. Auch wenn für uns diese Denkausrichtung problematisch geworden ist, weist sie directement auf einen Grundzug unseres neuzeitlich-technologischen Denkens hin. Diesem geht nämlich eine grundlegende weltanschauliche Wertentscheidung voraus. In ihr wird Natur zu unserem Objekt (Gegenstand), wir zu ihrem Subjekt. Vorneuzeitlich waren die Menschen Teil der Natur und der Schöpfung, dann wurden sie zu jenem besonderen Teil, der für sich das Recht herausnahm, selbst Natur nach Belieben zu teilen und dann zu seinem Zweck wieder zusammenzusetzen. (Die Erfindung der »Infinitesimalrechnung« schaffte dafür die mathematische Methode, die Kernspaltung bewies als Erste, dass man vor keinem Atomon – Unteilbarem – haltmachen musste.)

Wenn wir also zugeben müssen, dass wir in der Natur nur analogerweise (besser projektionsartiger Weise) das Gute oder das Böse, also Moralisches finden, so heißt das umgekehrt nicht, dass unser Umgang mit Natur nicht moralische Probleme aufwirft. Die oben genannte Wertentscheidung ist nur ein Beispiel dafür, eines, das historisch eine radikale Spitze darstellt, und uns heute gerade in dieser Gestalt beschäftigt. (Tierethiken werden verfasst, Massentierhaltung bekämpft, Artensterben bedauert, eine »Ehrfurcht vor dem Leben« eingefordert, Tierversuche von Kosmetikunternehmen verboten, nerzpelztragende Frauen geächtet usw.; woher hat dieser neue Ausdruck der Natur gegenüber seine Argumente? Von sich aus klagen aussterbende Arten nicht an und Nerze machen dem Menschen auch nicht moralische Vorhalte; offensichtlich deutet sich die Notwendigkeit einer neuen Wertentscheidung an. Wie die vorhin erwähnte hätte auch sie einen sehr grundsätzlichen Charakter, beträfe sie doch ein Denksystem, das die ganze Welt umfasst; aus der Emotionalität der Kleingruppe ließe sie sich nicht ableiten, sie würde bestenfalls die eigenen Haustiere berücksichtigen.)

Gegenüber der Natur haben aber die Menschen immer schon Wertentscheidungen treffen müssen, ob sie sich eher angepasst oder von ihrer Macht, so gut sie es konnten, Gebrauch gemacht haben. Der Grund dafür ist, dass uns die Natur aus sich heraus eben keine Werte »vorschreibt«. Wie leicht hätten wir es, wenn wir einfach nachfragen könnten und klare Antworten bekämen. Letztere bekommen wir immer nur indirekt, dann nämlich, wenn wir zur Kenntnis nehmen müssen, dass ein bestimmter Umgang mit Natur auf uns selbst zurückfällt, uns schadet; wir bemerken, dass wir doch auch noch »Naturwesen« sind, die sich ernähren müssen und in den Nahrungsketten ihren eigenen Leichtsinn serviert bekommen.

So wie die Natur keine Moral für sich kennt, hat sie auch für die Menschen keine Empfehlungen parat. Daher sind gut und böse Kategorien der Menschen, wie bereits der biblische Sündenfallsmythos bezeugt, der zugleich den Paradies-(=Natur)verlust bedauert, ihn mit einer Entscheidung von Adam und Eva in Verbindung bringt: Eine Handlung, die sogar das Risiko des Todes auf sich nimmt, um nach vollzogener Tat von Gott zu erfahren: »Siehe, Adam ist worden wie unsereiner, wissend um gut und böse«.

In diesem Mythos ist mehr verborgen als uns der sünden- und schuldorientierte Religionsunterricht meist vermitteln will; der meist die ausdrücklich ausgesprochene Gottähnlichkeit verschweigt. Entscheidungsnotwendigkeit, die mit ihr verbundene Macht, befinden sich in mittelbarer Nachbarschaft von Risiko und Tod. Eine letzte Sicherheit, ob wir gut entschieden haben, oder uns selbst gefährden, haben wir nicht. Nach dem Verlust des Paradieses können wir sie dort nicht wiederfinden wollen. Die Bestätigung trotz aller Bemerkungen zur Ambivalenz der Situation (ab nun müssen wir arbeiten, mit Schmerz gebären etc.) kommt von Gott, also »von außen«. Auf diese Letztversicherung hat man sich durch die ganze Geschichte in verschiedenerlei Gestalt bezogen; hat sich auf Gottes »Gnade« verlassen, seinen heilsgeschichtlichen Plan respektiert.

Späte Nachfahren dieser »Außenbestätigung« sind in der Aufklärung die »List der Vernunft«, die hinter unserem Rücken alles zum Guten wendet, dann die »invisible hand« des Marktes. Alle diese Außenhalte haben sich historisch abgenutzt. Was wäre, wenn wir auch im Sinne der »Menschwerdung Gottes« die »Ebenbildlichkeit« ernst nehmen, die Transzendenz in uns hineinnehmen und zur »Selbsttranszendenz« ausbilden würden?

5.2 Evolution und Geschichte

Wenn es nach all dem, was bisher ausgeführt wurde, keine Naturgeschichte der Moral geben kann, welchen Sinn hat es, von einer Evolution zu sprechen? Zumal dann, wenn der Mensch in sie miteinbezogen werden soll? Evolution (»Herausentwicklung«) klingt irgendwie harmloser als »Naturgeschichte«, die früher noch Unterrichtsgegenstand in unseren Schulen gewesen ist. Mit dem Terminus »Geschichte« hätten wir nämlich ein ähnliches Problem wie vorhin mit der Moral. Die Natur selbst kennt keine Geschichte, sie kommt in ihr nicht vor; es fehlt ihr auch ein Zeitbegriff, der Geschehen in ein Vorher und Nachher einteilen ließe. Ebenso wenig wird sich ein Schimpanse auf seine Ahnen berufen oder ein Schmetterling seine vorgängigen Verwandlungen als historisches Geschehen betonen.

Bei den Menschen hingegen kommt es offensichtlich recht bald zu geschichtlichen Vorstellungen, egal, ob man einer zyklischen Zeitvorstellung anhängt oder topologisch, genealogisch das Geschehen ordnet. In diese Ordnung soll auch die Natur Einzug halten; deshalb findet sich, soweit mir bekannt, auch in fast allen überlieferten Kulturen eine Natur-Geschichte, die meist mit den Menschen oder ihren Göttern endet. Ist im Terminus Evolution dieser neuerliche Anthropomorphismus vermieden? Es darf daran gezweifelt werden. Vielmehr lässt sich erkennen, dass das, was Evolution heißt und seit Darwin als unbestreitbares Wissensgut gilt, nichts anderes ist als der Versuch, dem Naturgeschehen mit naturwissenschaftlichem Modelldenken zu Leibe zu rücken. Evolution übersetzt Geschichte, die immer etwas mit Göttern und Menschen zu tun hat, in ein reines immanentes Naturgeschehen. Wiederum sind wir beim »geistvergessenen« Immanentismus angekommen.

Der Evolutionsbegriff verbirgt seinen konstruktivistischen Anteil, indem er alles aus der Natur selbst sich herausentwickeln lässt; letztlich auch den Menschen. Nun kann eine solche Entwicklung als höchst wahrscheinlich gelten, dabei waren wir nicht, zugesehen haben wir auch nicht. Gleichsam mit einem (vorläufigen?) Endzustand konfrontiert (der wir auch selbst sind, der »Übermensch« steht noch aus), schließen wir aus ihm als Resultat alles Vorhergehende. Die »Schlussfähigkeit« gehört einerseits dem Resultat an, übersteigt es aber zugleich, ist nicht mit ihm identisch. Damit erweist sich der Mensch sowohl als »Ergebnis« der Evolution, zugleich aber als jemand, der es distanziert. Sich als Ergebnis begreifen ist nicht dasselbe wie es zu sein.

Was aber das Evolutionsdenken nicht beantworten kann, sind jene zusätzlichen Fragen, die sich, aus welchen Gründen auch immer, Menschen stellen, die in dem immanenten Naturgeschehen keinen Platz, keinen Anhaltspunkt finden. Die Fragen klingen irgendwie seltsam und werden von den

Evolutionswissenschaften wahrscheinlich als »Banausentum« weggewischt; freilich gelingt es ihnen auch nicht, die »Kreationisten« von der Bildfläche verschwinden zu lassen; und das wird seine Gründe haben, auch wenn sie naturwissenschaftlich schwer nachvollziehbar sind.

In einer philosophischen Zusammenfassung, allerdings auf höchster Abstraktionsebene, hat Schelling alle Gründe in der Frage zusammengefasst: »Warum ist überhaupt Seiendes und nicht Nichts«? Man kann sie auch konkreter fassen. Was in aller Welt hat Fische ans Land gejagt, warum sind die einen ausgestorben, ist es den anderen gelungen, zu mutieren, sich neu anzupassen. Einzeller sind eigentlich vollendete Wesen, was braucht es Weiteres? Sind Naturkatastrophen notwendig zur Weiterentwicklung oder einer möglichen Totalvernichtung allen Lebens? Hat die Evolution mit dem Menschen ihr Ziel erreicht oder ist Weiteres zu erwarten? Sind Selektion und der »Kampf ums Dasein«, das »survival oft the fittest«, tatsächlich Naturphänomene oder Projektionen einer konkurrenzorientierenden, liberalen Wirtschaftsdominanz auf die Natur? Weitere Dutzende Fragen ließen sich stellen; es mag die unsystematische Aneinanderreihung genügen. Sie sollte nur zur Darstellung bringen, dass die naturwissenschaftliche Transformation des Geschichtsbegriffs in den der Evolution nicht ausreicht, um unser Fragebedürfnis zu befriedigen; da nützt auch das Zauberwort »Emergenz« nichts. Wiederum treffen wir auf den »geistvergessenen« Immanentismus.

5.3 Zur »Naturgeschichte« des Menschen (Höherentwicklung oder nicht?)

Vielleicht hat es aber in einer metaphorischen Hinsicht doch einen Sinn, von einer »Naturgeschichte« des Guten und des Bösen zu sprechen; dann nämlich, wenn die Entwicklungsgeschichte der Menschen näher betrachtet wird. Mit Entwicklung ist zunächst noch nicht »Höherentwicklung« gemeint, also bereits ein Werturteil ausgesprochen worden. Unsere

Neuzeit unter dem Titel Fortschrittsepoche war in allen Lebensbereichen des Menschen davon überzeugt, dass Weiterentwicklung, Fortschritt zu einem Höheren, Besseren stattfindet. Nicht nur Ökonomie, Wissenschaft und Technologie schienen diese Überzeugung mit ihren Erfolgen zu stützen, man kam auch im Politischen voran (Demokratie, Republiken), und Humanisten durften bereits einen besseren Menschen in unser Blickfeld rücken. Letztendlich bezeugt auch die Globalisierung ein allgemein-menschliches Interesse, an dieser Art Fortschritt teilzuhaben, also könnte man doch mit einigem Recht von einer Höherentwicklung sprechen.

Auch subjektiv vertreten wir im Allgemeinen die Auffassung, dass es uns besser geht als einem Höhlenmenschen, einem griechischen Sklaven oder Handwerker, einem russischen Leibeigenen, einem Söldner im Dreißigjährigen Krieg. Zwar müssen wir zugeben, dass es schon sehr früh Privilegierte, Reiche etc. gab, die ein ganz passables Leben führen konnten, ihre Zahl war aber beschränkt. Es fehlten die notwendigen Ressourcen, um allen Menschen dieses Wohlbefinden zu ermöglichen, und die Technologien, die vom Fron der Arbeit entlasteten. Und auch das Glück der Wohlhabenden war oft ein befristetes, einerseits, weil es die Begehrlichkeiten anderer weckte, andererseits, weil Lebenserwartungen geringer waren. All dies betrachtet, könnte man die Entwicklungsgeschichte recht gut als eine solche der Höherentwicklung argumentieren.

Die vorhin erwähnten Beispiele geben auch einen definitorischen Anhaltspunkt dafür: Fortschritt im Sinne einer Höherentwicklung besteht einfach darin, dass weit mehr Menschen am besseren Leben teilhaben können, als es früher der Fall war. Es ist dies aber nicht bloß eine quantitative Aussage. Mit dem besseren Leben äußert sich auch für viele ihr Handels- und Entscheidungshorizont. Entlastung im unmittelbaren »Überlebenskampf« schafft einen höheren Freiheitsgrad und damit auch mehr »Selbstbewusstsein« (in der doppelten Bedeutung des Wortes); so hängt auch, wie schon erwähnt, die Herausarbeitung des autonomen Individuums an dieser Entlastung. Es ist also nur allzu verständlich, wenn wir uns, auf diese »Errungenschaften« nicht verzichten wollend, nicht in ein früheres Zeitalter zurücksehnen. Die Globalisierung scheint unter Beweis zu stellen, dass die ganze Welt so denkt und sich so verhält, in diesem Sinn auch »eurozentrisch« geworden ist. Daher wird der Stolz der Europäer, all das in Gang gebracht, ausgebildet und erprobt zu haben, einerseits indirekt bestätigt, andererseits aufgehoben. Mit den verschiedensten Mitteln – auch denen der früheren eigenen Geschichte – wird derzeit das alte Europa nicht nur übernommen; es gibt den Ehrgeiz, es in dieser Übernahme zu übertreffen. Alles also deutet darauf hin, dass sich der Höherentwicklungsgedanke weltweit universalisiert hat.

Wenn vorhin hier vorsichtig Wertenthaltung geübt wurde, dann nicht nur aus einer verbreiteten Fortschrittsskepsis heraus motiviert. Tatsächlich dürfte eine lineare Weiterentwicklung, verbunden mit dem immer wieder beschworenen Wachstumspostulat, wie bisher nicht mehr vonstattengehen. Es ist auch kaum zu vertreten, dass die Europäisierung der Welt den Standard erreichen wird können, an den sich die sogenannte westliche Welt bereits gewöhnt hat. Darüber hinaus haben Weltkriege, der Holocaust, der Abwurf der Atombombe an einen Fortschritt in Humanismus verzweifeln lassen. Das alles und noch weit mehr sind bekannt-anerkannte Tatsachen.

Ihrer Brisanz steht eine weitverbreitete Hilflosigkeit, daraus Konsequenzen zu ziehen, gegenüber. Zwar kann man uns und den verschiedensten Initiativen weitverzweigte Bemühungen nicht absprechen, gegenüber der uns ständig beschäftigenden Gesamtproblematik sind sie aber von marginaler Wirkung. Klare Einsichten werden von einem Ohnmächtigkeitssyndrom begleitet, das sich bis in die anerkanntesten Institutionen hinein verbreitet hat. (Um nur zwei zu nennen: Die Wissenschaften analysieren in ihren Spezialgebieten weitgehend wirkungslos, die nationale Politik bringt keine oder nur eine sehr punktuell-momentane Internationalität zustande, gebärdet sich eher als nationalegoistisches »Individuum«.)

Kein Wunder also, wenn sich in dieser Situation wieder einmal die Stimmen der Apokalyptiker erheben, die von einer selbst verschuldeten Auslöschung der Menschengattung sprechen, ihrer endlichen Existenz auf dieser Erde; Geschäftemachern kommen daran angeschlossene Endzeitvorstellungen, wie eben die an den Mayakalender, der heuer aufhört, gerade recht.

Um uns davor zu bewahren, uns allzu intensiv mit den von uns geschaffenen Systemproblemen zu befassen, läuft gleichzeitig eine ungeheure Ablenkungsmaschinerie: Terrorismusangst wird ständig geschürt und dadurch indirekt Terrorismus ermuntert, weil ihm eine überdimensionale Bedeutung zugemessen wird. Seuchenverdächtige Krankheiten werden alle paar Jahre diagnostiziert. Ein Machtspiel zwischen »dem Volk« und »den Politikern« inszeniert, welches darin besteht, dass Erstere den Zweiteren mehr Macht zuschreiben, als diese real haben, aber so tun, als hätten sie sie. Schließlich versenken uns die Medien in eine entlastend-belanglose Unterhaltung oder überhäufen uns in einer virtuellen Welt mit Informationen, mit deren verstehender Einordnung wir nicht mehr zurechtkommen. Das alles wird begleitet von Zeitverdichtung und Beschleunigungsprozessen, einem hektischen Aktionismus, in dem kaum Zeit zum Nachdenken bleibt. Aktionismus mag aus dem ökonomistischen Zeitverständnis abgeleitet werden können (Zeit ist Geld, der »Schnellere« gewinnt am Markt, Leistung ist Arbeit pro Zeiteinheit usw.), oft aber zeigt er sich als Ohnmachtskompensationsversuch. Wir spielen uns an Nebenschauplätzen Handlungsmacht vor, weil wir sie am Hauptplatz der Probleme längst verloren haben. (»Als sie das Ziel aus den Augen verloren, verdoppelten sie ihre Anstrengung«.)

Selbstkritisch überlegt kann die apokalyptische Schlagseite dieses Befundes festgestellt werden; und das Schreiben darüber als aktionistische Kompensation. Um hier nicht stehen zu bleiben und der Zahl der Kritiker weitere hinzuzufügen, wären Bemühungen angebracht, nach Auswegen zu suchen, so es welche gibt und wir uns nicht einem Geschehen ausliefern wollen, mit mehr oder weniger Hoffnung auf einen guten Ausgang. Die für uns hier wiederum in Erinnerung zu bringende Frage ist diejenige nach unserer Fähigkeit, kollektiv mächtige Wertfiguren durch andere, neue zu ersetzen.

Exkurs: Zum Recht

Sicherlich ist hier in erster Linie das Recht gefragt, schon deshalb, weil es Sanktionsmöglichkeiten hat. Es reicht aber aus vielen Gründen nicht aus. Einmal, weil es dem bestehenden System, aus dem es jeweils entsteht, verpflichtet ist. Dessen Wertfigur wird daher grundsätzlich unterstützt, ebenso die Macht der von ihm Privilegierten. (Wie wir gerade jetzt in der Krise sehen, gelingt es trotz besserer Einsicht dem politischen System nicht, Gesetze gegen finanzkapitalistische Praktiker zu beschließen). So werden zwar immer wieder Gesetze verabschiedet, die mit leichter Kurskorrektur, meist im Nachhinein, krasse Fehlentwicklungen zu steuern versuchen. Das System selbst, dem es ja letztendlich seine Existenz verdankt, bleibt weitgehend unangetastet. Immer häufiger wird dort, wo es wirklich um Entscheidendes geht, »totes Recht« geschaffen, Gesetze also, die zwar beschlossen, aber nicht wirksam werden, zumindest »elegant« umgangen werden können.

Oft hört man heute auch die Wendung vom »mangelnden Unrechtsbewusstsein«. Sie besagt, dass der Buchstabe des Gesetzes nicht ausreicht, dass ein Rechtsverständnis vorliegen muss, das anerkennen kann, dass ein Gesetz »zu Recht« besteht; nicht erstbester Anlass ist, nach Umgehungsmöglichkeiten zu seinem eigenen Vorteil zu suchen, bzw. jene Maßnahmen auszuklügeln, die vor dem Erwischtwerden bewahren. Woher aber soll dieses Rechtsverständnis kommen?

Als Bürger, nicht als Juristen, Richter, Rechtsanwälte etc. haben wir zum Recht und zu den Gesetzen ein »gespaltenes« Verhältnis. Einerseits halten wir sie für notwendig, unverzichtbar und sind dankbar, wenn einigermaßen Rechtssicherheit garantiert wird. Aber wir »lieben« es nicht, weil es abstrakt ist (anonyme Kommunikation regelt), daher in viele Richtungen interpretierbar und selten ausschließlich bezüglich auf die jeweils konkrete individuelle Situation ist; und weil in ihm Emotionalität an »Stellvertreter« delegiert werden muss, was nur sehr mäßig gelingt. Dazu kommt auch trotz aller Vergleichsmöglichkeiten das alte Sieger-Verlierer-Schema (Prozesse werden gewonnen oder verloren), das den eigentlichen Zweck des Rechtes in den Hintergrund treten lässt. Um also jene Systemveränderungen herbeizuführen, die unsere vorhin beschriebene Situation verlangt – so der zusammenfassende Befund –, reichen Gesetze nicht aus, weil sie einerseits in Existenz und Inhalt dem bestehenden System verpflichtet sind (seine Wertfigur stützen), weil sie andererseits Haltung und Emotionen der Bürger zu peripher erreichen. Damit teilt allerdings das Recht das Schicksal jener Moral, die früher von fremdbestimmenden Institutionen verwaltet wurde. Es würde also kaum weiterhelfen, würde man sich zum besseren Rechtsverständnis eine moralisch verallgemeinerbare Ergänzung wünschen, zumal die Zuständigkeitsfrage dafür weiterhin ungeklärt bliebe. (Ungeachtet dessen ist augenscheinlich, dass das Recht de facto immer wieder mit der Mithilfe von Moral arbeitet [»kokettiert«]. Wenn ein Tatbestand »gegen die guten Sitten« verstößt, »Billigkeit« eingefordert wird, ein »reuiges Geständnis« Strafmilderung bedeutet. Diese »lose Koppelung« spekuliert mit einem allgemeinen moralischen Standard, den es zwar in Restbeständen noch geben mag, der aber nirgendwo eine verbindliche Verankerung hat.)

6. Die vier Etappen einer Entwicklungsgeschichte der Menschen in Bezug auf die Moral

Wenn wir vorhin von einer möglichen Sinnhaftigkeit der Naturgeschichtsmetapher gesprochen haben, ist hier nun der Ort, darauf näher einzugehen. Ich möchte für die Entwicklungsgeschichte der Menschen vier Etappen vorschlagen: Die erste stammesgeschichtliche Zeit, geprägt durch Sozialkonstellationen direkter Kommunikation (Stämme, Clans etc.); die zweite »hochkulturelle«, gekennzeichnet durch Stadtgründungen, die Errichtung von »Reichen«, Staaten etc.; die Epoche der Organisation indirekter, anonymer Kommunikation und einer fortschreitenden Arbeitsteilung; die dritte dominiert durch den Verbund von Ökonomie und Technologie, die Herausbildung des Individuums als moralisch autonomer Instanz, das Aufkommen von demokratischen Staatsformen (es handelt sich um jene Epoche, in deren Wertfigur wir noch heute leben, mit dem wachsenden Bewusstsein, dass sie zu Ende geht); die vierte, in der wir in eine selbstbewusst kollektiv gestaltete Geschichte eintreten.

Die ersten zwei wären m. E. am ehesten mit dem Terminus Naturgeschichte zu bezeichnen, die dritte könnte als Übergangsepoche gelten, in der über die fortschreitende Distanzierung des Natureinflusses eine richtungslose Geschichte der Freiheit und ihrer Macht eröffnet wird, die vierte, noch ausstehende, könnte eine Geschichte in Gang setzen, in der die Menschen sich kollektiv eine neue Reflexionsebene organisieren, einen neuen Umgang mit dem, was sie selbst geschaffen haben, mit den notwendigen Abhängigkeiten, die der Freiheit ihr Maß geben. Alle für die Steuerung verantwortlich gemachten Transzendenzen (von einem monotheistischen Gottesbegriff über eine »List der Vernunft«, eine »invisible hand« bis hin zum heute so oft beschworenen »Sachzwang«) würden ihre Heimat in einer Selbsttranszendenz der Menschen finden, in der auch das, was wir Natur nennen, einen neuen Platz erhielte, zumindest innen, und äußere Abhängigkeiten jeweils klare Konturen bekämen.

Die Problematik solcher Epocheneinteilung ist mir bewusst; zeitlich gesehen ist sie ohnehin unmöglich, da es viele Überschneidungen und historische Ungleichzeitigkeiten gibt. So ist evident, dass es derzeit auf unserer Erde all diese »Epochen« in unterschiedlicher Ausprägung nebeneinander gibt, und interessant ist, wie sie sich gegenseitig beeinflussen bzw. welche sich als dominante herausbildet, welche Unvereinbarkeiten bestehen. Es herrscht weiterhin in wesentlichen Strömungen der Gegenwartsphilosophie die Meinung vor, geschichtsphilosophische Konzepte in der Art »großer Erzählungen« seien ohnehin obsolet, reduzieren die differenzierte Komplexität unserer Welt auf simple Modellvorstellungen, nur eine unbeeindruckbare Naivität könne heute auf diese Weise denken.

Hier trifft diese Kritik aber genau in die Mitte unseres Themas: Einmal gibt es diese reduzierende große Erzählung bereits; Ökonomie und Technologie spielen uns ihre Melodie vor. Wir treffen hier auf eine universelle Wertfigur, die gegenüber jeder kulturellen historischen Differenzierung jene Basis darzustellen beginnt, die unsere »Welt im Innersten zusammenhält«. Ihr gegenüber sind freilich alle großen Erzählungen, die sie nicht in ihrer dominanten Stellung berücksichtigen, naiv. Zugleich müssen wir aber erkennen, dass die von ihr bestimmte Epoche sich in zwei Dimensionen dem Ende zuneigt: in der des absehbaren Ressourcenmangels und in dem durch das Erkennen der reduktionistischen Wertfigur auftretenden Gefühl eines Mangels in untergeordneten Wertbereichen. Bekanntlich, so sagt es uns die »Glücksforschung«, sind die reichsten Länder nicht die glücklichsten; und der Konkurrenzegoismus fördert auch nicht gerade ein angenehmes Zusammenleben. Mit Solidarität und Gerechtigkeit werden weltweit hörbar Wertkategorien eingemahnt, die in der dominanten Wertfigur nicht in der ersten Reihe glänzen.

Aus all dem ist zu entnehmen, dass die Globalisierung, die uns in wirtschaftlich-technologischer Basis weltweit verbindet, unser Allgemeines (allen Gemeinsames) ist, ein ebenso Allgemeines zu seiner Ergänzung, Korrektur seiner Einseitigkeiten braucht.

Schließlich gibt es ja auch die Menschenrechte und als ihre Institution die UNO als Repräsentation dieses Allgemeinen, und ihre Wirksamkeit und Unwirksamkeit gäbe genug Stoff ab für die Dramaturgie einer großen Erzählung; diese ist allerdings nicht mehr ein Theoriegebäude intellektueller Glanzleistung, sondern die Geschichte eines gemeinsamen Ringens um das, was unsere Welt mit und gegenüber der Globalisierung braucht. In ihr laufen auch alle »historischen Ungleichzeitigkeiten« wie in einem Brennglas die Lichtstrahlen zusammen. Dass sie in dieser Gestalt und diesem höchst anspruchsvollen Unterfangen manchmal als wenig erfolgreich, zahnlos erscheint und kritisiert wird, hängt wiederum mit unserem Thema zusammen: Eine weltweit wirksame Institution, noch dazu in demokratischer Verfasstheit, kann sich nicht so ohne Weiteres wie eine alte moralische Institution verhalten, die Gebote und Verbote ausgibt, die befolgt werden müssen, will man der Gemeinschaft, die diese Institution repräsentiert, angehören. Allein die Verfasstheit der UNO, die in demokratischer Form allen Nationen die Möglichkeit gibt, mitzuentscheiden (wobei der Sicherheitsrat, davon unterschieden, ein Produkt der Machtverhältnisse der Nachkriegszeit eine Ausnahme darstellt), gibt einen Fingerzeig in die Richtung zukünftiger großer Erzählungen und ihres Zustandekommens; in die Zukunft moralischer Institutionen, die ein All-Gemeines über gemeinsame Beschlussfassung herstellen.

Damit bekommt das Verhältnis von Allgemeinem und Besonderem eine neue Gestalt. In den Menschenrechten versammeln sich nicht nur Rechtsgrundsätze, sondern auch moralische Forderungen, die immer noch weit über konkrete Gesetze hinausgehen; sie sind gleichsam regulative Ideen,

Wegweiser für mögliche besondere Gesetze, Appellationsart für Missbrauchsfeststellung und Verletzungseinmahnung. Es gibt in ihnen auch Werte, die einer historischen Situation bürgerlicher Entwicklung entstammen und durchaus nicht unproblematisch sind. In dieser Zwitterstellung zwischen Recht und Moral repräsentieren sie allerdings auch eine der möglichen Formen »aufgeklärter Moralität«. Sie ist in erster Linie »Differenzorgan«, ständige Beobachtung des realen historischen Geschehens, Überprüfung der besonderen Rechtssysteme, gemessen an allgemeinen Ideen, die immer nach neuen Inhalten, neuer Konkretion verlangen.

Als Ideen sind sie sowohl abstrakt-allgemein wie simpel (auch zukünftige große Erzählungen haben im Detail nichts verloren); für ihre Ausdifferenzierung und Verinhaltlichung sorgt weder die Idee noch ein sie begründendes absolutes Fundament. Dafür braucht es Organisationen und ihre oben beschriebenen Tätigkeit. In den großflächigen internationalen Beziehungen wird vieles im Recht und in Gesetzen münden; im Sinne der offengehaltenen Differenz hat aber auch Moralität ihren Platz, indem sie die regulativen Ideen mit der Wirklichkeit vergleicht und in Verbindung bringt.

Moralität bekommt hier eine von unseren gewohnten Vorstellungen abweichende Gestalt. Es gibt kein inhaltlich von vornherein feststehendes Gutes und Böses; es gibt das Gute nicht, aus dem sich alles sonstige Gute, alle »Güter« ableiten, deduzieren ließen; ebenso wenig das Böse, das, wie ja bekannt, ohne das Gute keinen kontrastierenden Inhalt hat. Das bedeutet aber nicht, dass es weder das eine noch das andere überhaupt gibt. Einerseits gehört es zur Endlichkeit unserer Freiheit, entscheiden zu müssen; Letzteres ist immer Bewertung, ein Ein- und Ausschließen, bis hin zur Entwertung, die etwas als Böses, zumindest als Schlechtes beurteilt. Andererseits bleibt es Aufgabe, die »Idee des Guten«, diejenige eines möglich Besseren, immer an unsere Wirklichkeit heranzutragen. Es ist jener »Punkt«, an dem auch der »gute Wille« gegenüber allem »Sein« zu seinem Recht kommt. Ich habe die hier zentrale Frage schon oft erwähnt und wiederhole sie hier, sie lautet: »Wollen wir alles so, wie wir es uns eingerichtet haben?«

In dem Moment, wo von unserem Willen reflexive Kraft verlangt wird, geht es nicht mehr um einen außer uns liegenden Willen (»Dein Wille geschehe«), sondern um die Frage, wie jeweils die zuständigen oder betroffenen verschiedenen »Willen« zueinander kommen, sich auf den Weg einer gemeinsamen »Willensbildung« begeben; übrigens wahrscheinlich die wichtigste Bildung, die Menschen erfahren können (zur näheren Lektüre kann bereits Friedrich Schiller herangezogen werden, nämlich seine »Briefe zur ästhetischen Erziehung der Menschen«).

Anlassbezogen haben wir hier, weil es um die »große Erzählung« gegangen ist, unsere Thematik an der Weltgemeinschaftsinstitution UNO abgehandelt. Analoges könnte aber auch für alle Organisationen gesagt werden, in denen es darum ginge, neben dem Recht und ihrem funktionellen Zweck eine moralische Dimension mitzuberücksichtigen. Dafür wäre es aber wichtig »Differenzorgane« einzurichten. Versuche, die in Leitbilderstellungen und CSR-Programmen, in Kodizes ein für alle Mal das »Gute« gefunden haben wollen und sich nun erwarten, dass es sich sozusagen über alle Mitarbeiter ergießt, müssen fehlschlagen. So ist es auch z. B. nicht verwunderlich, wenn Kodizes entstehen, die eigentlich ohnehin nur die bereits vorhandenen Gesetze bestätigen (ein Beispiel für ihre nicht ausreichende Wirkkraft). Zwar kann das allgemein Gute in seiner ganzen abstrakten Plausibilität am Papier festgehalten werden, der »gute Wille« ist damit aber noch nicht auf den Weg gebracht. So sind daher auch alle Vorstellungen, die man in Leitbildern und Kodizes findet, regulative Ideen, respektable Wegweiser, sie kommen aber nicht zum Leben, wenn ihnen nicht eine Organisation zur Seite gestellt wird, die »Willensbildung« in ihrem Zeichen ermöglicht.

Von einer solchen Einrichtung sind wir aber in unseren Organisationen immer noch meilenweit entfernt; ich habe sie daher zum Kennzeichen der vierten, hoffentlich kommenden Epoche gemacht. Ob wir imstande sind, sie zu erreichen und auszubilden, ist allerdings fraglich. Allein dass wir im Allgemeinen es immer noch den Individuen überlassen wollen, was aus Leitbildern, Grundsätzen etc. gemacht werden soll, verrät unser Verhaftetsein in jener Epoche, in der das Individuum als alleinige Autonomie moralischer Instanz hervorgebracht wurde. Inzwischen sollte längst eingesehen worden sein, dass mit der Autonomiezumutung auch eine Überforderung einherging, die uns bis heute weitverzweigte Ohnmachtsgefühle beschert hat. Wir tragen wohl schwerer, als wir einsehen wollen, an der Bürde unserer gesamten Vergangenheit; insofern haben wir nicht nur Geschichte, sondern sind sie auch, bis hinein in unsere Gefühle und unsere leibliche Verfasstheit. Da wir deren Ursprung oft nicht kennen, sie aber unmittelbar wirksam sind, d. h. naturwüchsigen Charakter angenommen haben, kann es berechtigt sein, vom naturgeschichtlichen Zeitalter der Menschen zu sprechen.

Zum Abschluss noch einmal zurück zur Epochengliederung; skizzenhaft sollen aus ihr einige Hinweise auf gut und böse, auf unsere Moralentwicklung abgeleitet werden. (Übrigens auch ein Gesichtspunkt für Epochengliederungen: Man greife ein Schwerpunktthema heraus und untersuche es in seiner Entwicklung, z. B. Recht, Moral, Bildung, Freiheit etc. Diese »institutionellen« Themen werden durch die sie verwaltenden Institutionen in ihrer Stabilität bewahrt, »auf Dauer gestellt«. Ihre Veränderungen haben eher einen Anpassungscharakter. Entscheidende Brüche, verursacht in neu auftretenden Sachlagen und damit verbundenen Problemen, die im Kanon der Institutionen nicht mehr funktionslos »unterzubringen« sind, führen zunächst entweder zu einer Ignoranz, Verleugnung, dann meist zur Bekämpfung derselben, schließlich zum Versuch, sie zu »schlucken«, ohne die Institution selbst zu ändern. Letzteres führt zu einer »Selbstverkomplizierung«, weil vieles nur mit Krampf und Verbiegungen eingeordnet werden kann. So »sterben« manche Institutionen an einem selbst verschuldeten Saurierdasein oder leben neben der eigentlichen Wirklichkeit wie in einem Reservat ihr Schattendasein weiter; vermutlich befinden auch wir uns gegenwärtig in einer Zeit des Umbruchs unserer Institutionen, jedenfalls würde der Eintritt in die vierte Epoche einen solchen nahelegen).

6.1 Einiges zur ersten Epoche und deren Nachwirkungen

Das Thema Mensch ist ein solches zwischen Kontinuität und Diskontinuität. Während einerseits anzunehmen ist, dass er sich aus der Natur, den höheren Säugetieren »herausentwickelt hat«, also »allmählich« zur Gattung Homo sapiens wurde, und nicht von irgendeinem anderen Himmelskörper eingewandert ist, muss er andererseits einmal, sozusagen »plötzlich«, seine bisherige Natur hinter sich gelassen haben. In allen mir bekannten Mythen und Religionen werden beide »Ursprünge« thematisiert und dargestellt; Tiere und Pflanzen als Orte des vorgängigen Lebendigen werden ebenso herangezogen wie Götter, die durch ein besonderes Geschenk, etwa das Feuer, Menschen erst zu Menschen gemacht haben. (Gott hat Adam die Seele »eingehaucht«, sie ist also »von außen« gekommen, nicht aus seiner »natürlichen« Existenz herangebildet worden.) Es gibt in Stein gemeißelte Darstellungen von Wesen halb Tier, halb Mensch, Wappentiere, die die Kraft und die ihrer Träger symbolisieren sollten, und ebenso Heroen, Halbgötter, die nur mit einem Fuß auf der Erde wandeln. Weder das Problem, ab wann (genauer Zeitpunkt) es den Menschen gibt, ist lösbar, noch ab wann er sich als solchen zu begreifen beginnt. Wir befinden uns hier in einem Voraussetzungszirkel und sollten uns mit diesen Fragen nicht mehr länger quälen. Sprache z. B. als Möglichkeit des Probehandelns wird gern als »Wesensmerkmal« des Menschseins herangezogen, zugleich ist sie in rudimentärerer Form sicher bereits vorhanden, bevor sie als Distanzinstrument das Probehandeln ermöglicht, als solches verwendet wird.

Schließlich entdeckt man auch in der Tierwelt subtile Verständigungsformen, sodass man wiederum Unterschiede aufzeigen muss; das sind aber gerade jene, die wir aus unserem Sprachgebrauch rückprojizieren. Ebenso ergeht es uns mit den Themen Denken, Erkennen, Verstandesgebrauch etc. Sicherlich sind all diese den Menschen zugesprochenen Fähigkeiten irgendeinmal entstanden, aber in dem Moment, in dem sie da sind, haben sie ihre Vergangenheit hinter sich gelassen, sind sie etwas anderes als diese. Dieses andere kann nicht allein aus seiner vorgängigen Genese begriffen werden, eben weil es sich nicht auf der gleichen Ebene bewegt. Würde es dies, würde es sozusagen bei einer »ewigen« Genese bleiben. Das heißt nicht, dass wir nicht dieses Wunderwerk Mensch nach »Bauelementen«, Zusammenhängen, Prozessen uns (auch wissenschaftlich) genauer ansehen sollten, schließlich bringt es ständig etwas hervor, das es nicht selbst ist; durch ein bestimmtes Erkennen eine Antwort darauf zu bekommen, was Erkenntnis ist, bleibt aber ein vergebliches Unterfangen; auch das Denken kann sich niemals aus dem Gedachten, wie schon erwähnt, ableiten wollen, da es vorausliegende Voraussetzung bleibt. In jedem Gedachten ist es schon »vis-à-vis«. Das heißt aber, mit allem Nachdruck gesagt, dass der Mensch nicht allein aus seiner Naturgeschichte, einer kontinuierlich verlaufenden Evolution erklärbar ist.

Obwohl diese Erkenntnis nicht neu ist, wird sie immer wieder missachtet. Insbesondere der Immanentismus der Naturwissenschaften hat immer wieder danach getrachtet, in den Kausalzusammenhängen der Materie (des Seienden) das zu finden, was diese erst denkt und setzt. Damit hat die Natur, die Materie, eine substanzielle Aufladung erfahren, die den alten transzendenten Fundamenten ähnlich ist. Die Geistvergessenheit soll sich gleichsam als Naturnotwendigkeit herausstellen. Offensichtlich traut man der eigenen Vernunft zu wenig zu und hat auch genug Anlass dazu. Wir wissen, dass Erkenntnis irrtumsanfällig ist, vor allem aber Forschung immer dazu gezwungen ist, aus dem »Ganzen« der Natur Elemente, Detailzusammenhänge zu isolieren. Diese Isolation ist kein Akt, den die Natur selbst vornimmt; sie wird dabei in ihrem Ursprung verändert: Es ist daher illegitim, diese Veränderung der Natur selbst anzulasten. Sie wird dabei zu einem ideologischen Begriff. Zumindest treten uns zwei entgegen: einer, der sich auf jene Elemente und Prozesse bezieht, die der Arbeit der Erkenntnis entspringen, ein anderer, der einen dahinterliegenden Universalbegriff im Auge hat, also jenes »Seiende«, aus dem heraus isoliert wird.

Wenn wir also heute von einer Menschwerdung sprechen, ist die naturwüchsige »Geschöpflichkeit« nur die eine Seite; auch sie unterliegt obiger Problematik. Die »Natur« des Menschen ist entweder der genannte ideologische Begriff, oder sie meint herausgegriffene Details; unsere Organe, Stoffwechselprozesse, das Immunsystem, die Knochen, Triebe etc. (Wenn in moralischer Absicht von einer »Widernatürlichkeit« die Rede ist, wird genau auf jenes ideologische Fundament rekurriert, das einem Erkennen bei näherer Betrachtung nicht als solches standhält. Aber so soll es gerade sein: Es soll ein Negatives konstituiert werden, das vor und jenseits aller irrtumsmöglichen Erkenntnis liegt, durch sie nicht relativierbar; ebenso verhält es sich mit einem »von Natur aus« Gutem. Aus diesem Grund kann Moral nie in der Natur fundiert werden und der Streit der Aufklärer, ob der Mensch von Natur aus gut oder böse ist, ist auch aus diesen Gründen resultatlos geblieben. Er ist aus sich heraus gut oder böse; die Berufung auf seine Natur (etwa die Macht der Triebe) mag strafmildernd sein, eine vollständige Entlastung ist sie nie. In diesem Sinn hat der Philosoph Hegel gemeint, dass der Mensch als von Natur aus böse zu bezeichnen ist, wenn er sich distanzlos seiner Natur, was immer die dann auch ist, hingibt, sie zur Ausrede für seine Handlungen macht. So haben Gott und Natur immer dazu beigetragen, den Menschen in seiner Selbstverantwortlichkeit zu entlasten. Unsicherheiten, die dabei auftreten, werden durch besonderes Eiferertum kompensiert.)

All diese grundlegenden Schwierigkeiten in der Beantwortung der berühmten Frage von Kant »Was ist der Mensch« sollen demnach nicht davon abhalten, einen Naturbegriff in metaphorischer Absicht zu verwenden. Gemeint ist mit ihm ein Studium der Menschheitsentwicklung, in dem die Differenz, die der Mensch selbst ist, noch nicht zum eigenen Selbstbewusstsein gekommen ist, sondern nach außen verlegt wurde. Dafür gab es gute Gründe. Es darf angenommen werden, dass anfänglich nur eine innere tiefe Verbindung der Menschen mit ihrem natürlich vorgegebenen Umraum sie überleben ließ. Wären sie mit unserer Art Distanziertheit zur Welt gekommen, gezwungen, alles von vorne und mit planendem Bewusstsein zu lernen, hätte eine demgegenüber vollkommen eingerichtete Natur sie sofort vernichtet. Woher sollten die Menschen ihr »Wissen« um Gefahren samt einer körperlich instinktiven Reaktion denn haben, wenn nicht aus ihrer Vorgeschichte; woher ihr Wissen über Gifte und für sie geeignete Nahrungsmittel, die Vorteile einer Gruppe (Herde) usw.

Vermutet darf weiter werden, dass dieses Wissen nicht gänzlich körperlich und sozial »inkorporiert« war, so wie dies bei den Geschöpfen der Natur zu sein scheint. Menschwerdung heißt infolge dessen »Ursprungsverlust«, der zunächst wahrscheinlich gering ist, im Lauf der Geschichte aber zunimmt. Über dieses Ereignis ist viel nachgedacht worden, es wurde auch mit dem Titel Mensch als Mängelwesen versehen, als Instinktverunsicherung oder -verlust beschrieben. Es ist wiederum ein Zirkelproblem, ob man den allmählichen Ursprungsverlust als Ausgang und Grund für die Entwicklung von ihn kompensierenden Maßnahmen ansieht, oder Letztere als ein geeignetes Mittel einer Weiterentwicklung, die mit vorgegebenen Mängeln sich eine bessere Bewältigungsmöglichkeit schaffte. Wahrscheinlich hat beides jeweils rückbezüglich ineinandergegriffen und damit Lernprozesse in Gang gesetzt.

Techniken der Jagd, des Sammelns und Lagerns konnten entwickelt werden, Sprache ausgebaut zu einer schnelleren Verständigung untereinander, was alles aber bedeutet, dass zwischen die Natur (besser, die jeweilig vorgegebene Umgebung) und den Menschen diverse Zwischenwelten eingeschaltet wurden. Ihre Verwendung und der Umgang mit ihnen hatten keine unmittelbare Stütze in dieser Umgebung, konnten auch nicht einfach »natürlich vererbt« werden. Erfahrungen mussten erzählt und weitergegeben, diesbezügliche Vorgehensformen rituell abgesichert werden. Dieses Geschehen zwingt die Alten dazu, die nächsten Generationen zu informieren, wie es auf der anderen Seite die wichtigen Erfahrungsträger wertvoll macht.

Das Überleben ist vorerst einmal auf Kooperation im Sozialverband angewiesen; die Konkurrenz untereinander auf wenige Bezirke eingeschränkt; zusätzlich kommt es auf jeden Einzelnen an, andererseits darf ein Stamm nicht zu groß werden. Da zum Menschsein anscheinend das »Einzelbewusstsein« dazugehört (Selbstbewusstsein möchte ich der neuzeitlichen Individualität vorbehalten), die menschliche Sexualität kaum Zeitbindungen und -disziplinierungen kennt, besteht Regelungsbedarf. Lernen und Weitergabe sind an einzelne Menschen gebunden, daher müssen sie ein wachsendes Bewusstsein ihrer selbst entwickeln, das sich aus welchen Gründen auch immer der Sozietät verweigern kann (ältere Menschen zögern mit Erfahrungsweitergabe, weil sie erkennen, dass sie mit ihr an Wert und Macht verlieren, ungleiche Fähigkeitsverteilungen schaffen innere Hierarchien, die zwar funktional brauchbar, sozial aber gefährlich sind). Also muss der erwünschte Zusammenhalt geregelt und Regeln verpflichtend gemacht werden. Eine »befreite«, ungesteuerte

Sexualität schafft zweifellos soziale Probleme, auch wenn noch viel an »Herdenverhalten« aus der Vorgeschichte übernommen wurde, oder gerade deshalb. Eine Dauerkonkurrenz unter potenziellen Erbgutweitergebern kann keine Sozietät aushalten. Also sind Menschen hier von Anfang an gezwungen, die befreite Sexualität zu disziplinieren. (Daran hat sich übrigens in der ganzen Geschichte nichts geändert; insbesondere, als sich die Menschen »aufmachten«, höhere Kulturen zu entwickeln, Organisationen aufzubauen, Geschichtsziele entwickelten – als sie ein noch nicht Erreichtes vorstellten und es verfolgen wollen, sahen sie sich oft genötigt, besonders rigide zu disziplinieren; zum Glück hat sich die nun einmal befreite Sexualität nie völlig disziplinieren lassen.)

In aller Kürze und Skizzenhaftigkeit kann auf diese Weise beschrieben werden, wie sich aus der Dialektik vom Ursprungsverlust und der daraus entstehenden Aufgabenbewältigung Regelnotwendigkeit ergibt und damit Moral. Auch sie gehört zunächst in den Bereich der Zwischenwelten. Es ist vorerst einmal nicht wesentlich, Recht, Moral, Rituale, Tabus etc. voneinander zu trennen. Sie waren wohl ineinander verschränkt und ununterscheidbar. Was aber deutlich gemacht werden sollte, ist ihr Ursprung in einem Überlebenskollektiv, das sie für sich entwickeln müssen, weil sie in der Natur nicht vorfindbar sind. Das dürften auch die Stämme und Clans gewusst, besser geahnt haben, weil sie zu ihrer Gründung und Stützung »übernatürliche« Kräfte heranzogen. Allein das Bestreben, ihre ganze »natürliche« Umgebung zu »Vergeistigen«, alles mit Dämonen, Geistern etc. zu versehen, auf diese Weise das Äußere zu verdoppeln, um es für (den Geist) den Menschen zugänglicher zu machen, spricht dafür, dass die Menschen schon sehr früh »wussten«, dass der bloßen Natur nichts zu entnehmen war, was für die Errichtung der Zwischenwelten tauglich schien. Auf der anderen Seite war für das Entstehen Letzterer ebenso eine vorgegebene Not maßgeblich, auf die man reagieren musste. Diese hatte vermutlich noch eine undurchschaubare Gewaltsamkeit an sich, eine schicksalhafte Dringlichkeit, verstärkt durch Überraschungen, Unvorhergesehenem, Katastrophen, die eine Abhängigkeit darstellten, die in weiten Teilen unüberwindbar schien. Damit musste die Not zum Subjekt, die Menschen zu ihren Objekten werden. Schwerlich lässt sich vorstellen, dass dies dazu beitragen kann, dass sich die Menschen selbst als Hauptursache ihre Veranstaltung erkennen können. Was sie aber bereits demonstrieren, ist, dass Moralität nicht der Natur »abgeschaut« werden kann; dass die »freigelassene« Natur des Menschen ihrer besonderen »Pflege« bedarf.

Ein Wortstamm des Begriffes Ethik, Ethos im Griechischen, führt zurück auf das »gemeinsame Wohnen von Mensch und Tier«. In ihm verwurzelt sind jene Normen und Regeln, die es braucht, um diese Sozialkonstellation am Leben zu erhalten. Auch nach der Sesshaftwerdung spielen also die Kleinräumigkeit, das Haus, und die in ihm Lebenden und Tätigen eine große Rolle. Die Gruppenbezogenheit blieb also trotz neuer gesellschaftlicher Organisationsformen erhalten. Daraus kann ein weittragender Schluss gezogen werden. Ein prinzipieller, der so lauten könnte: Was einige 10.000 oder 100.000 Jahre Mensch-Sein sozial konstituierte, wirkt weiter; prägt die Menschen bis in ihr Verhalten, ihre Gefühle hinein. Wenn Evolutionswissenschaften immer wieder darauf hinweisen, dass unsere »Natur kleingruppenfixiert« ist, und wir dies berücksichtigen sollten, sei es, um uns nicht durch wachsende Komplexitätsansprüche zu überfordern, sei es aber auch, um ins Kalkül zu ziehen, dass wir ein Verhaltensfundament bedienen, das gegen alle Einsicht und Vernunft eine anscheinend unerschütterliche Stabilität aufweist, mögen sie in ihrer Diagnose recht behalten. Allerdings wäre ihr Befund noch weiter zu differenzieren.

Erstens ist es, wie schon zur Genüge ausgeführt, irreführend, von einer sozusagen sich-gleich-bleibenden Natur des Menschen zu sprechen. Dieser Sprachgebrauch verführt nämlich dazu, Änderungs- und Entwicklungspotenziale zu unterschätzen. Allerdings bewahrt er andererseits davor, mit blauäugigen Forderungen eben dasselbe Beharrungs- und Widerstandspotenzial zu unterschätzen. Es ist auch nicht eine wie immer geartete Natur, die uns aus sich heraus determiniert, gleichsam ein mystisches Allgemeinsubjekt, auch wenn sich anscheinend Gleichbleibendes durch unsere Geschichte durchhält; in unserer Natur verwirklichen wir uns geschichtlich, was bedeutet, dass sie keine in sich abgeschlossene Substanz hat. Diese durch sie selbst ermöglichte Offenheit unterscheidet sie von der uns sonst umgebenden Natur; zumal diese ja gerade von uns »zum Thema« gemacht werden muss.

Wir können uns nicht einfach unserer Natur »überlassen«, sie springt nicht für uns ein; wir wüssten auch gar nicht, wem man sich ausliefern oder was man dabei mit sich tun müsste. Allein dass hier von einem Tun gesprochen werden muss, zeigt uns die unaufhebbare Differenz. Unsere »Natur« ist sozusagen ungerichtet, »braucht uns« zu ihrer Realisierung, für sich selbst hat sie keinen »Zweck«, und um es existenzieller auszudrücken: Ohne unser geschichtliches Handeln wären wir längst ausgestorben. Hingegen muss die von uns unterschiedene Natur in ihren Einzelgeschöpfen keine eigene Geschichte entwickeln. Sie zeigt eine gleichbleibende systemische In-sich-Geschlossenheit, eine Selbstzweckhaftigkeit, die nur »von außen«, durch Naturkatastrophen wie z. B. Klimaverschiebungen, Vulkanausbrüche etc., und die Menschen gestört werden kann. Aber auch auf die reagiert sie »natürlich«; entweder durch Aussterben oder durch Mutation. Mutationen beweisen zwar auch hier eine Offenheit, sie ist aber nicht Thema ihrer Geschöpfe.

Die Offenheit, die Ungerichtetheit ihrer natürlichen Voraussetzungen hat aber immer beunruhigt. Daher haben sie die Menschen immer wieder zu schließen versucht. Die mit ihr verbundene individuelle und kollektive Freiheit, die durch die ganze Menschheitsgeschichte immer wieder und zeitweise mit Vehemenz eingefordert wird, mag zwar »idealistisch« bejubelt werden, ist aber zugleich einer der größten Unsicherheitsfaktoren, denen die Menschen ausgeliefert sind. Die Sachlage (maßgebend für alle Ethik) ist nämlich doppelt paradox: Weder können wir uns einer eigenen Natur überlassen, eben weil sie ungerichtet ist, noch darauf hoffen, aus unserer Freiheit sie selbst regelnde Richtungsweisungen zu bekommen, weil Letzteres ja hieße, dass sie schon vorbestimmt ist, also gerade nicht frei. Diese doppelte Unbestimmtheit (die Existenzialisten sprachen von einem Hineingehaltensein ins Nichts) ist misslich und hat immer wieder zu, wie sich später meist herausgestellt hat, Bestimmungsversuchen geführt, die sich als dauerhafte (ewige) Wahrheiten auszugeben versuchten, aber ihre Zeit hatten.

Wenn heute so intensiv und verbreitet vom Vertrauen gesprochen wird, das vor allem zwischen Institutionen und Organisationen, aber auch innerhalb derselben allmählich zu schwinden scheint, liegt das wohl nicht bloß am konkurrenzversessenen Kapitalismus, den Eskapaden des Finanzmarktes. Im Hintergrund lauert das Zugrundegehen der als dauerhaft angegebenen Wahrheiten an neuen Ungewissheiten, für die solche fehlen. Vertrauensverlust entsteht nicht dadurch, dass Menschen plötzlich vom Vertrauen nichts mehr halten oder es als überflüssig betrachten, er ergibt sich aus dem Verlust bisheriger Gewissheiten. Diese und deren Aufrechterhaltung, Pflege etc. sind der Humus für Vertrauen. »Leeres« Vertrauen ohne diese Außenhalte kann als gutgläubige Naivität gelten, die unbefangen eingesetzt einem ohnehin riskanten Vertrauensaufbau dienen kann, zumindest »Beißhemmungen« hervorzubringen imstande ist, aber auch sie braucht Anhaltspunkte (Rituale, Wiederholungen, Verbindlichkeiten), um zu erkennen, dass sich ihr Einsatz gelohnt hat. Sitten, Gebräuche, sie bestätigende Rituale gaben immer schon die Sicherheit, sich aufeinander »verlassen« zu können. Für stabile Vertrauensverhältnisse ist sie unabdingbar.

Wir müssen im Unbestimmt-Unberechenbaren Berechenbarkeit herstellen; denn von »unserer Natur« her sind wir unberechenbar. Wir wissen aber zugleich, dass diese Berechenbarkeit verletzt werden kann. Also bedarf es der verschiedensten Maßnahmen, sie dauerhafter zu erhalten. Eine ist, wie schon erwähnt, sie auf transzendente Fundamente zu stellen. (Gott, Natur; obwohl interessant ist, dass die Gebote Gottes mit einem »Du sollst« beginnen, was zweifellos zum Ausdruck bringt, dass man auch Alternativen zur Verfügung hat, die Gottes »Allmacht« wohl oder übel zulassen muss, während der naturwissenschaftliche Immanentismus die Differenz zwischen Sein und Sollen in Determinationsvisionen kurzzuschließen versucht. Man könnte daher jene Wissenschaften, denen es um eine womöglich endgültige Berechenbarkeit des Menschen geht, als die eindrucksvollsten »Gewissheits«- und Sicherheitsfanatiker bezeichnen, die unsere Geschichte hervorgebracht hat; die Menschen selbst aber scheinen sich an diesen »Objektivitätsfetischismus« nicht zu halten, »büchsen« ständig aus und liefern damit fortgesetzt Material für Neuberechnungen.)

Um aber wiederum auf die prinzipielle Seite unserer »Naturgeschichte« zurückzukommen, soll eine These behauptet werden: Wir haben anscheinend in unserer historischen Entwicklung immer wieder versucht, bewährte Überlebensformen so abzusichern, dass sie einen »naturwüchsigen« Charakter bekommen haben. Nicht von ungefähr wird von unserer Kultur als »zweiter« Natur gesprochen, die sich zwar zumindest durch die Zählung von der ersten unterscheidet, tendenziell aber zu ihr gemacht wird. Unsere Kultur (dazu gehört ebenso »Moral«) soll uns das »verlorene Paradies« der ersten Natur ersetzen; Heimat in der Ausgesetztheit dem Nichts gegenüber gewähren. Unsere erste und damit wichtigste Kultur, die uns vorerst einmal Überleben sicherte, vollzog sich in überschaubaren Gruppierungen. In ihnen konnten wir all jene Verhaltensformen »lernen«, die ab nun zum positiven Bestand auch aller anderen Gesellschaftsformationen dazugehörten: Liebe, Vertrauen, Freundschaft, Kooperation, Mitleid, Mithilfe, Anerkennung usw. waren damit, wie es scheint, für immer emotionell an direkte Kommunikation gebunden, wurden in ihr gelebt und kontrolliert. Ein strenges Regelwerk (gestützt durch Tabus, Denk- und Freiheitsverbote) konnte kombiniert werden mit Beratungseinrichtungen, in denen über Verletzungen befunden wurde bzw. neue Regelungen »erfunden« wurden. Letzteres wird nur dort möglich sein, wo eine beschränkte Anzahl an Gruppenmitgliedern Formen direkter Kommunikation pflegen (z. B. »im Rat der Alten«). Sie sind wohl auch eine erste eindringliche Erfahrung kollektiver Freiheit, der Not und der Abhängigkeit gegenüber der äußeren Natur abgerungen.

6.2. Zur zweiten Epoche

Da diese erste Epoche jedenfalls länger gedauert hat als unsere ganze bisherige weitere Geschichte, wird wohl ihr prägender Einfluss kaum überbewertet werden können; sie hat gleichsam »naturwüchsigen« Charakter angenommen und lässt Evolutionswissenschaftler daher von der Natur des Menschen sprechen. Aus welchen Gründen Menschen diesen Zustand verlassen haben, ist Gegenstand vieler Forschungen und ebenso vieler Mutmaßungen. Es ist kaum anzunehmen, dass irgendein Stamm beschlossen hat, sein nomadisches Dasein aufzugeben und sesshaft zu werden. Es ist ihm einfach passiert und insofern auch Naturgeschichte. Ob eine Klimaveränderung, eine erste Überbevölkerung dazu beitrug, dass man sich nicht mehr so leicht »aus dem Weg gehen konnte«, eine erste »Kultivierung« von Pflanzen und Tieren Anlass waren, wissen wir nicht; wahrscheinlich hat vieles zusammengewirkt und lange Zeit war diese neue Gesellschaftsform instabil, und den weiter existierenden Nomaden bequeme Beute. Was wir aber wissen, ist, dass diese neue Gesellschaftsform neue Reglungen brauchte. Sie entwickelte sich nämlich zu Organisationsformen »anonymer Kommunikation«, forcierte Arbeitsteilung, schuf Handel und Märkte und musste das alles koordinieren. Ihr historisches Erbe waren Stämme, Clans, also Konstellationen direkter Kommunikation. Deren Verhaltensformen passten nicht in die neue Zeit. Trotz einiger Rückfülle wollte man aber offensichtlich nicht mehr in die Vergangenheit zurück. Ab nun beginnt die lange Geschichte eines sich ausdifferenzierenden Nebeneinanders und der Zwang zum Miteinander, der sich gegen geprägtes Verhalten richtete; der Kampf mit dem eigenen geschichtlichen Erbe.

Ich nenne dieses Geschehen bewusst einen Kampf, weil damit deutlich gemacht werden kann, warum in der von mir bezeichneten zweiten Epoche Moral fast ausschließlich in heteronomer Gestalt aufgetreten ist. Fremdbestimmung ist der Preis der Organisation anonymer Kommunikation. Die Abhängigkeit aus Not und jene von Natur verschiebt sich allmählich in eine Abhängigkeit der Menschen voneinander. Nun gab es diese selbstverständlich auch schon vorher, es ist aber ein Unterschied, ob man sich Regeln, Normen in direkter Kommunikation »ausmacht«, mit all den Menschen »sinnlichen« Kontakt hat, die von ihnen betroffen sind, oder ob man diese gar nicht mehr zu Gesicht bekommt, indirekt aber über sie mit ihnen verbunden ist.

Da Organisationen (arbeitsteilige »Berufsgruppen«, ständische Gliederungen, Stadtgründungen, dann Reichsgründungen) unterschiedlichste Menschen, Menschengruppen, frühere Stämme, Volksgruppen usw. meist zu irgendeinem Zweck, einer Aufgabe zusammenfassen, zur Kooperation »zusammenzwingen«, müssen sie einerseits, um allen »gerecht« zu werden, eine gewisse Abstraktionsstufe einnehmen, die einiges an Besonderheiten nicht berücksichtigen kann (wie überhaupt zu vermuten ist, dass das, was wir heute Abstraktion nennen, ein Produkt eines höheren Organisierungsgrades der Menschen ist; vom »Begreifen« zum »Begriff«), andererseits dafür sorgen, dass die damit verbundenen Normen und Regeln eingehalten werden.

Eine doppelte Fremdbestimmung findet statt. Eine ergibt sich aus der notwendigen Nichtberücksichtigung des Besonderen, Situativen, »Sinnlichen«, Konkreten (unter anderem trifft das auch die Herkunftsgeschichte: Stammeskulturelles eignet sich nicht für Organisationskulturen; man kann durchaus von einer Unterdrückung von bisher eingeübten Lebens- und Handlungspraktiken sprechen, die zurückgedrängt werden müssen, in Gedächtnis und Erinnerung aber aufbewahrt bleiben. Da ihnen sozusagen Realitätsbezug genommen oder sogar untersagt wird, schaffen sie sich gleichsam eine »innere Realität«, die dort und da wiederum hervorbrechen kann. Für eine noch ausstehende Theorie einer »Geschichte der Gefühle« wäre es daher interessant zu untersuchen, ob nicht viele Emotionen nichts anderes sind, als in eine Gefühlswelt abgesunkene vergangene Handelsrealität und Lebenspraxis); es beginnt also eine Teilentfremdung von unserer ursprünglichen Sinnlichkeit, die sich ab nun auch durch unsere Geschichte der Moralität durchzieht.

Neben der Moral, aus dem gemeinsamen Wohnen entstanden, die sich dann als »Gewohnheit« aus ihrem Entstehen entkoppelt, entsteht eine der kollektiven Selbstdisziplinierung. So wie Organisationen einander Fremdes vereinigen müssen, ist uns die damit verbundene Moral und Regelhaftigkeit fremd. Unsere Akzeptanz des Fremden ist beschränkt. Um sie dennoch erreichbar zu machen, muss das Fremde zu einem uns Bestimmenden gemacht werden. Dafür braucht es Sanktionsgewalt, die ab nun diversen Institutionen übergeben wird.

Hier finden wir die zweite Fremdbestimmungsform vor. Entsinnlichung die eine, institutionelle Bestimmung »von außen« die andere. (Aus einer Analyse der Zehn Gebote des alten Testaments ergäbe sich eine schöne Bestätigung dafür. Die Gesetze, die vor allem der Vereinigung der zwölf Stämme Israels dienten, keinen bevorzugen, auch nicht ihre besondere Existenz berücksichtigen durften, begaben sich auf eine Abstraktionsebene, die wohl nur deshalb Akzeptanz fand, weil sie als Gebote der »höchsten Abstraktion«, nämlich Gottes ausgegeben wurden; allerdings spricht die Stimme Gottes nicht oder nur sehr selten; daher braucht man ab nun »Stellvertreter« auf Erden, sie interpretierende »Hohepriester«. Es ist wohl kein Zufall, dass Jesus, der angetreten war, uns zu erlösen, d. h. uns auch von autoritärer Fremdbestimmung zu befreien, sich ständig mit den Pharisäern anlegen musste; »der Sabbat ist für die Menschen da, nicht die Menschen für den Sabbat«; »ich bin nicht gekommen, die Gesetze aufzuheben, sondern sie zu erfüllen«. Interessant in diesen Zusammenhang ist übrigens die jüngste Entscheidung Kardinal Schönborns, der es einem Homosexuellen gegen das bestehende Kirchenrecht »erlaubte«, Pfarrgemeinderat zu sein; er sagte, der Betroffene habe ihn »menschlich überzeugt«. Wegweisend war wohl auch die alttestamentarische Aussage: »Mein ist die Rache, spricht der Herr«; Rache ist nämlich ein Gruppenphänomen, war in Stammeskulturen durchaus funktionell und ist es bis heute dort, wo quasi familiale Gesellschaftsstrukturen dominieren, sich der Staat mit seinem Gewaltmonopol nicht durchgesetzt hat; aber selbst in diesen ist sie, wie man heute noch im albanischen Bergland beobachten kann, hoch ritualisiert, bereits Zähmung unmittelbarer Impulse.)

In den Anfangszeiten unserer Organisationsgeschichte waren Recht und die genannte fremdbestimmende Moral identisch. Der »Gottkönig« z. B. war Hohepriester und staatlicher Gesetzeshüter in einem. Die strikte Unterscheidung von Moralität und Legalität ist ein Kind der Aufklärung und hängt mit der schon oft erwähnten »Entdeckung« des moralisch autonomen Individuums zusammen, das aus Gewissensgründen auch gegen Gesetze handeln darf. Allerdings ist diese Herausstellung des Individuums auch ein Fingerzeig darauf, dass auch die Moralität der Gewohnheit, bezogen auf Spezialkonstellationen direkter Kommunikation, fremdbestimmend ist. Es wäre also kaum weiterführend, die Trennung von Recht und Moral einer solchen von Gruppenbezug und Staat bzw. Organisation zuzuordnen, um damit der Moral ein »autonomes Reservat« zuzuordnen. Die Fremdbestimmung in Gruppen und durch sie selbst kann radikaler sein, als die durch das Recht. Eben auch deshalb, weil sofort die »ganze Person« in ihren konkreten Handlungsbezügen erfasst ist. Gruppendruck und -kontrolle sorgen für ausweglose Eingliederung.

Somit darf behauptet werden, dass erst einmal das autonome Individuum »erfunden« und dann gestärkt werden musste, um zu dieser Art der Fremdbestimmung ein Gegengewicht darzustellen. (Der Geburtssinn der Gruppendynamik war übrigens nicht bloß das wissenschaftliche Interesse, zu erforschen, was in Gruppen so vor sich geht, sondern Gruppen selbstbeobachtend in den Stand zu setzen, sich selbst zu steuern; erste Ansätze der Entwicklung einer »kollektiven Autonomie«, die einerseits Individuen in ihrer mühsamen Konterposition entlastet, andererseits demonstriert, dass auch moralische Selbstbestimmung sich nicht »automatisch« aus Gruppen ergibt, trotz ihrer günstigen Voraussetzung, über direkte Kommunikation zu verfügen, sondern dass sie eine bestimmte »Selbstdistanz« voraussetzt. Diese Form praktischer Selbstreflexion ist auch eine Aufarbeitung ihres geschichtlichen Erbes.) Das Rechtssystem hat, indem es sich das Aufklärungspostulat der Selbstbestimmung zu eigen gemacht hat, einen interessanten doppelten Weg eingeschlagen: Es hat einerseits seine fremdbestimmende Sanktionsgewalt beibehalten, dafür auch ein Berufsheer von »Hohepriestern« geschaffen, von den Richtern, Anwälten bis hin zur Exekutive, die Gesetzeswerdung aber einem Prozess geöffnet, in dem idealerweise der Souverän – das Volk – selbstbestimmend tätig sein kann. (Ein fatales »Missverständnis« einer Übertragung individueller Autonomie in Staatslenkung ist das nationalsozialistische »Führerprinzip«; hier gilt als Recht, was ein Individuum bestimmt, das sich als verleiblichte Repräsentation eines einheitlichen Volkskörpers verstehen will.)

Oft und immer wieder wurde in unserer Geschichte die »Tyrannis« vorgegebener, sich zumeist universell gebärdender Moral kritisiert. Und wer könnte sich jenen Einsichten verweigern, die aufzeigen, was mit dieser Moral alles getrieben wurde; wie sie zugunsten von Machtinteressen zurechtgebogen, wie rigide und unmenschlich ihr Bestand gesichert wurde, welche Heuchelei ihr ständiger Begleiter war. Es darf nicht wundern, dass wir Skeptiker geworden sind, für einen Werterelativismus ausreichend Zeugnisse beibringen können. Allein der moralische »Zeigefinger« löst berechtigtes Unbehagen aus, gibt er doch zugleich zu erkennen, wer den Anspruch stellt, der »bessere« Mensch zu sein.

Auch der Kontrast zwischen hohen ethischen Forderungen und ihrer tatsächlichen Befolgung ist nicht gerade ermunternd. Eigentlich muss man den Eindruck gewinnen, dass Moral längst in subjektierender Willkür ihre Heimat gefunden hat, darüber hinaus appellative Mahnungen wirkungslose Begleiterscheinung sind. Ist es nicht besser, zumal in größeren Zusammenhängen alles dem Recht zu überlassen und auf Moral zu verzichten? Wo aber wird dann die Rechtmäßigkeit des Rechts, vor allem seine Gerechtigkeit überlegt und reflektiert? Das Recht kann sich nur sehr bedingt »rechtlich« reflektieren und birgt viele Dimensionen der Ungerechtigkeit, die mit seiner Systemverbundenheit zusammenhängen: Genügt es, wenn Moralität sich nur mehr als »Reflexionsdifferenz« zur Geltung bringt?

7. Ausblick

Noch einmal zurück auf die Geschichte der Fremdbestimmung und Selbstdisziplinierung der Menschen. Im Nachhinein ist es immer sehr leicht, sich darüber zu wundern, wie sich Menschen abgequält haben, was sie in Kauf genommen, ertragen haben. Dass es aber dieses »Nachhinein« gibt, ist wahrscheinlich ebenso Resultat dieser Selbstdisziplinierungsgeschichte. Womit ein neues Kapitel zum Thema Moralität aufzuschlagen wäre, das hier keinen Platz mehr hat. In ihm müsste überlegt werden, in welcher Weise Moral eine tiefe Verbindung mit unserer Offenheit, und damit unserer Weiterentwicklungsintention gehabt hat und noch hat. Gerade die 3. Epoche unserer Neuzeit hätte ihre Fortschrittsideologie nicht ohne große Opfer verwirklichen können, die sie moralisch gerechtfertigt hat. Dass es nachkommenden Generationen »besser« gehen soll, heißt immer auch jenes Schlechtere in Kauf zu nehmen, das gegenwärtig notwendig ist, um jenes Bessere herbeizuführen. Die Genussfeindlichkeit früherer Generationen hat dazu geführt, dass wir uns ein »hedonistisches Zeitalter« vorstellen können.

Man könnte also die These vertreten, dass im Sinne einer Menschheitsentwicklung die Gewaltsamkeit der Moral dazu gedient hat, uns auf anderen Ebenen so weiterzuentwickeln, dass die Gewaltsamkeit nicht mehr notwendig ist; dass vor allem die ökonomisch-technologische Entwicklung – eine insgesamt reduzierte und einseitige Wertfigur – uns existenziell so weit entlastet hat, dass wir diese Einseitigkeit in CSR-Programmen zum Thema machen können; dass wir eine »letzte« Abhängigkeit zum Thema haben, nämlich die von den von uns selbst geschaffenen Systemen. So könnte man unsere Entwicklungsgeschichte auch auf dieser Ebene nachdenken: Die Abhängigkeit von der Natur und ihren »Überraschungen« wechselt in eine Abhängigkeit der Menschen untereinander und ihrer Institution, die durch Zwang aufrechterhalten wird.

Letztere wiederum wandelt sich in eine Systemabhängigkeit, die allerdings wiederum alle vorhergehenden relativiert, autonome Individuen hervorbringt, und zumindest im Politischen und Rechtlichen Institutionen schafft, die auf demokratischer Selbstbestimmung aufbauen. Wie wir aber bereits wissen, geht in unserer Geschichte nichts Wesentliches verloren. Das heißt, dass all diese Abhängigkeiten noch in uns sind. Vermutlich befinden wir uns aber an einer Zeitenwende, die uns entweder ein neues Kapitel aufschlagen lässt (in dem all die vergangenen Abhängigkeiten einen neuen Stellenwert bekommen), oder es gibt Rückfälle; wenn diese allerdings kollektiver auftreten, werden wir uns nicht mehr aussuchen können, welche Moral wir gerne hätten. Im neuen Kapitel wird Ethik aber auch in neuer Gestalt auftreten müssen; darüber haben wir in unserem Buch »Prozessethik« Auskunft zu geben versucht.

Literatur

Aristoteles (1995): Nikomachische Ethik. Hamburg.

Baumann, Z. (1995): Postmoderne Ethik. Hamburg.

Die Bibel (1953): Übersetzung M. Luther. Stuttgart.

Gehlen, A. (1940): Der Mensch. Berlin.

Hegel, G. W. F. (1983): Philosophie des Rechts. Frankfurt.

Heintel, P. (1987): Emotion und Organisation. Die Bedeutung ihres Verhältnisses für das Begreifen von Krieg und Frieden. In: Österr. Institut für Friedensforschung und Friedenserziehung, Burg Schlaining (Hg.): Identität und Gewalt. Schmidbauer 1987, S. 29–48.

Heintel, P. (1993): Moralität und Sittlichkeit. In: Klein, H. D., Reikersdorfer, J. (Hg.): Philosophia perrenis. Erich Heintel zum 80. Geburtstag. Frankfurt 1993, S. 288–309.

Heintel, P. (1999): Wissenschaftsethik als rationaler Prozess. In: Liessmann K. P., Weinberger, P. (Hg.): Perspektive Europa. Modelle des 21. Jahrhunderts. Wien 1999, S. 57–81.

Heintel, P. (2007): Ethik in der Wirtschaft. In: Aufsichtsrat aktuell. Jg. 3 Nr. 4/August 2007, S. 24–25.
Heintel, P. (2010): Organisation der Ethik. In: Krobath, T., Heller, A. (Hg.): Ethik organisieren. Handbuch der Organisationsethik. Freiburg i. B. 2010, S. 453–483.
Höffe, O. (1993): Moral als Preis der Moderne. Frankfurt.
Homann, K. (2008): Das ethische Programm der Marktwirtschaft. Magdeburg.
Kant, I. (1963): Kritik der praktischen Vernunft. Hamburg.
Kant, I. (1974): Beantwortung der Frage: Was ist Aufklärung? Stuttgart.
Kant, I. (1974): Kritik der reinen Vernunft. Wiesbaden.
Küng, M. (2006): Das Projekt Weltethos. In. Reinalter, M. (Hg.): Projekt Weltethos. Innsbruck 2006.
Kittsteiner, M. (1991): Die Entstehung des modernen Gewissens. Berlin: Insel.
Krainer, L. (2005): Medien- und Kommunikationsethik. In: Etica 13/2005.
Krainer, L. (2007): Ethik ist eine Frage der Entscheidung. In: Reitinger, E., Heimerl, K., Heller, A.: Ethische Entscheidungen in der Altenbetreuung. Kursbuch Palliativ Care 11/2007.
Krainer, L., Trattnig, R. (Hg) (2007): Kulturelle Nachhaltigkeit. München.
Krainer, L., Heintel, P. (2010): Prozessethik. Wiesbaden.
Lenk, M., Ropohl, G. (Hg.) (1907): Technik und Ethik. Stuttgart.
Luhmann, N. (1987): Soziale Systeme. Frankfurt/Main.
Nietzsche, F. (1986): Jenseits von Gut und Böse. München.
Rosa, H. (2012): Weltbeziehungen im Zeitalter der Beschleunigung. Berlin.
Sartre, J.-P. (1952): Das Sein und das Nichts. Hamburg.
Schelling, F. W. J. (2001): Philosophische Untersuchungen über das Wesen der menschlichen Freiheit. Hamburg.
Schiller, F.: Briefe zur ästhetischen Erziehung der Menschen.
Ulrich, P. (1997): Integrative Wirtschaftsethik. Bern.
Wuketits, F. M. (2010): Wie viel Moral verträgt der Mensch? Eine Provokation. Gütersloher Verlagshaus, Gütersloh.

Univ.-Prof. Dr. Franz M. Wuketits, geb. 1955 in Parndorf (Burgenland, Österreich). Studium der Zoologie, Paläontologie, Philosophie und Wissenschaftstheorie an der Universität Wien, Promotion 1978, Lehrbefugnis 1980 ebendort. Seither Lehrtätigkeit am Institut für Philosophie (Schwerpunkt Philosophie der Biowissenschaften) der Universität Wien sowie Lehraufträge und Gastprofessuren an mehreren anderen Universitäten (Universität Graz 1987–2004, Technische Universität Wien 1998–2003, Universität der Balearen in Palma de Mallorca, 2006, 2008, 2009, 2010). Seit 2002 Vorstandsmitglied des Konrad-Lorenz-Instituts für Evolutions- und Kognitionsforschung in Altenberg an der Donau (Niederösterreich). Wissenschaftlicher Beirat mehrerer Institutionen und Gesellschaften, u. a. Freie Akademie Berlin. Beirat in verschiedenen wissenschaftlichen Zeitschriften, u. a. »Biological Theory«, »La Nuova Critica«, »Ludus Vitalis«. Autor von über 460 Veröffentlichungen (darunter 38 Büchern) und Herausgeber oder Mitherausgeber von 15 Sammelbänden. Er lebt in Wien.

Em. Univ.-Prof. Dr. Peter Heintel, Professor für Philosophie und Gruppendynamik, seit 10/2009 emeritiert; er war von 1974 bis 1977 Rektor der Universität Klagenfurt, von 2003 bis 2005 Senatsvorsitzender und ist als Organisationsberater in zahlreichen in- und ausländischen Institutionen, Organisationen und Unternehmen tätig. Peter Heintel hat auf den verschiedensten Gebieten der Philosophie und Gruppendynamik veröffentlicht. Besondere Beachtung bekamen seine Schriften zur Geschichtsphilosophie und Wissenschaftsgeschichte. Er ist auch als Zeitforscher bekannt und hat den »Verein zur Verzögerung der Zeit« gegründet. Seine Arbeitsschwerpunkte an der Alpen-Adria-Universität sind Interventionsforschung, kulturelle Nachhaltigkeit, Konfliktforschung.

In der Reihe EDITION KUNST | WISSENSCHAFT | GESELLSCHAFT
QUER DENKEN IM WIESER VERLAG
ist bereits erschienen:

Quer denken Band 1:

Horst Peter Groß / Wolfgang Ullrich:
KUNST | WISSENSCHAFT | GESELLSCHAFT –
EIN KULTURSTIFTENDER ZUSAMMENHANG?

www.wieser-verlag.com